鸟类的
秘密生活

BEAKS BONES
AND BIRD SONGS

［美］罗杰·J.莱德勒◎著
（Roger J. Lederer）
蒋一婷 冯仁人◎译

北京大学出版社
PEKING UNIVERSITY PRESS

著作权合同登记号 图字：01-2017-3697

图书在版编目(CIP)数据

鸟类的秘密生活/(美)罗杰·J.莱德勒著；蒋一婷，冯仁人译.—北京：北京大学出版社，2022.11

（博物文库·自然博物馆丛书·第二辑）

ISBN 978-7-301-33353-2

Ⅰ.①鸟… Ⅱ.①罗… ②蒋… ③冯… Ⅲ.①鸟类－普及读物 Ⅳ.①Q959.7-49

中国版本图书馆CIP数据核字（2022）第171464号

书　　　名	鸟类的秘密生活
	NIAOLEI DE MIMI SHENGHUO
著作责任者	[美]罗杰·J.莱德勒 著　蒋一婷　冯仁人 译
策 划 编 辑	周志刚
责 任 编 辑	刘清愔
标 准 书 号	ISBN 978-7-301-33353-2
出 版 发 行	北京大学出版社
地　　　址	北京市海淀区成府路205号　100871
网　　　址	http://www.pup.cn　　新浪微博:@北京大学出版社
微信公众号	通识书苑（微信号：sartspku）
电 子 信 箱	zyl@pup.pku.edu.cn
电　　　话	邮购部 010-62752015　发行部 010-62750672
	编辑部 010-62750539
印 刷 者	北京宏伟双华印刷有限公司
经 销 者	新华书店
	880毫米×1230毫米　A5　9.75印张　198千字
	2022年11月第1版　2022年11月第1次印刷
定　　　价	60.00元

教师一职对我影响深远。

我不但与各级教育者合作过，而且自己也做过老师。

谨以此书向高尚的师者表达无限钦佩与敬意，

感谢你们毕生致力于为学生解答自然界及人与自然关系之谜。

目录

序　　　　　　　　　　　　　　　　/ 1

前言：鸟生不易　　　　　　　　　　/ 1

一、鸟喙和鸟腹——觅食动机　　　　/ 1

　　1. 从齿演化到喙　　　　　　　　/ 2

　　2. 食种鸟类　　　　　　　　　　/ 6

　　3. 食草鸟类　　　　　　　　　　/ 10

　　4. 食虫鸟类　　　　　　　　　　/ 12

　　5. 食果鸟类　　　　　　　　　　/ 22

　　6. 食肉鸟类　　　　　　　　　　/ 26

　　7. 食鱼鸟类　　　　　　　　　　/ 31

　　8. 滤水型鸟类　　　　　　　　　/ 32

　　9. 食腐鸟类　　　　　　　　　　/ 33

二、能看见紫外线吗？——鸟类的感官　/ 37

　　1. 感觉与智能　　　　　　　　　/ 38

　　2. 鸟类的视觉　　　　　　　　　/ 40

　　3. 鸟类的听觉　　　　　　　　　/ 54

4. 鸟类的嗅觉　　　　　　　　　　　/ 65

5. 鸟类的味觉　　　　　　　　　　　/ 71

6. 鸟类的触觉　　　　　　　　　　　/ 75

三、征服天空 —— 鸟类的飞行机理　　/ 79

1. 适应飞行　　　　　　　　　　　　/ 84

2. 羽毛与翅膀的特化　　　　　　　　/ 94

3. 起飞、降落、翱翔与滑翔　　　　　/ 103

4. 列队飞行　　　　　　　　　　　　/ 110

5. 水下飞行和飞行功能丧失　　　　　/ 113

四、四处飞行 —— 鸟类的迁徙与导航　/ 119

1. 环志：了解迁徙路线　　　　　　　/ 122

2. 生物钟与迁徙时间　　　　　　　　/ 125

3. 迁徙行为　　　　　　　　　　　　/ 131

4. 导航系统　　　　　　　　　　　　/ 143

5. 固定迁徙路线及其风险　　　　　　/ 153

五、风雨暑寒 —— 鸟类如何应对天气变化/ 159

1. 调节体温　　　　　　　　　　　　/ 162

2. 调节热平衡　　　　　　　　　　　/ 166

3. 抵御严寒　　　　　　　　　　　　/ 174

4. 天气影响迁徙、食物供给和健康　　/ 187

六、充满竞争 —— 鸟类的群居生活 / 197

  1. 鸟类的演替 / 201

  2. 生态位和栖息地 / 206

  3. 觅食群与鸟种多样性 / 217

  4. 捕食的影响 / 227

  5. 外来种类 / 233

七、人类影响 —— 更加艰辛的鸟生 / 239

  1. 栖息地破坏和恶化 / 243

  2. 全球气候变化 / 248

  3. 玻璃、捕食者和其他困境 / 250

  4. 适应新世界 / 257

  5. 人类帮助 / 271

英汉鸟名对照表 / 277

其他补充词汇 / 287

致谢 / 289

序

我是观鸟爱好者，自然偏爱鸟类。在我看来，鸟类是世界上最多样、最神奇的生物，魅力无限。

世界上的一万多种鸟类有各样的形状、习性、生态位、图案和生存环境。小至蜂鸟，比蜜蜂大不了多少；大至鹤鸵，站立的话有成人那么高，虽然不能飞行，却能一脚使人毙命（其实它们极少主动攻击）。极乐鸟羽色斑斓，闪烁微光，薄如轻纱；夜鹰若是和地上的枯叶混在一起，除非你踩到，不然很难发现它们。大眼斑雉（一种东南亚雉类）雄鸟在求偶时，其大而阔的次级飞羽和尾羽相交，形成令人炫目的银色弧形，上面数百个泛着金属光泽的斑点如眼睛般注视着雌鸟。

从北极到南极圈边缘，从闷热潮湿的婆罗洲雨林到世界上最干旱的沙漠，鸟类无处不在。海鸟爱在广袤的海洋上空肆意翱翔。有些信天翁性成熟繁殖前可能已经在南半球海域的狂风暴雨中滑翔了5年之久，每年飞行里程高达10万英里[①]。

---

① 1 英里≈1.60 千米。——译者注

鸟能从上方飞越近 3 万英尺[①]高的喜马拉雅山，无须绕行，"世界屋脊"也黯然失色。想象一下，坐飞机时不坐在保压的机舱里，而是坐在机翼上，气温不到零度，失压、低氧已经让人气喘吁吁了，还得保持短跑记录般的速度——4 分钟 1 英里。这种状态有些鹤类每年经历两次。

我有幸多年研究野生鸟类的生活和活动规律，接触过一些格外有趣的种群。有一种体重近似鸫科的小型猛禽——棕榈鬼鸮非常罕见，很多观鸟爱好者穷尽一生也无缘观测到一次，而我的团队已经研究它的迁徙二十余年。我们刚开始在宾夕法尼亚州的山里开展项目时，它的数量稀少，只要碰上就能申请到联邦野生动物保护基金。秋夜，我们在林中张开细网，播放雄性短促、尖锐的奇特叫声，竟捕捉到了上百只棕榈鬼鸮，有一年甚至网到 4000 多只从加拿大北方森林南飞而来的鬼鸮。

我还研究蜂鸟，它们为从美国阿拉斯加到巴西格兰德的庭院增添了活力与色彩。这些好动的小家伙身上充满谜团，不少已被破解，如它们超凡的生理特征，史诗般的迁徙征程，异常激烈的新陈代谢，但更多还有待研究。西北太平洋的棕煌蜂鸟近年来在美国东部和东南部快速演化着新的迁徙路线和越冬区域，我和同事横跨美洲大陆一路追随探究。每年冬季，我们都会捕捉数十

---

① 1 英尺 =30.48 厘米。——译者注

只游荡的蜂鸟进行环志。美国东北部的深冬是何等的天寒地冻！蜂鸟却泰然自若。有一只尤其顽强的蜂鸟被记录到在夜间气温低至 −23°C、风寒指数低至 −34°C 的环境下依然能存活。对任何动物来说这都不寻常，更何况是仅有 1 美分重量的小东西。它们是如何做到的？原来，夜间蜂鸟通过大幅降低体温来保存能量，相当于一晚上的冬眠，次日日出就醒来继续寻找树的汁液、冬季仍活动的昆虫及其他食物。

以上例子仅供"开胃"，更多奥妙有待你来发现。罗杰·莱德勒教授不仅是观鸟爱好者、鸟类学家，也是教育者，他将带领读者领略鸟类繁杂而不可思议的生存方式。从知觉到沟通，从飞行到生理，从迁徙到繁殖，可以说，本书涉猎了鸟类生活和博物学的整个领域。

飓风中鸟怎么避难？冬季金翅雀如何把羽毛增加至两倍？袖珍的星蜂鸟如何借身形优势成为鸟界"小偷"？城市栖息的鸟类如何看懂车辆的限速标志，甚至比人类司机更严格遵守交通规则？

我跟莱德勒博士一起在加利福尼亚州的山川河谷里观察过鸟类，加利福尼亚州是他的主场。他生动的指导能让人对鸟类的看法焕然一新。鸟类就是世界上最迷人的动物，这不是我们的偏见，而是再简单不过的事实。

斯科特·魏登索（Scott Weidensaul），

著有《活在风间》（*Living on the Wind*）等书

前言：鸟生不易

> 世界上有400多万种动植物，就有400多万种不同的生存方式。
>
> ——大卫·爱登堡（David Attenborough）

望一眼窗外、散散步、钓个鱼、看段视频，在很多情况下你都能看到野生鸟类。鸟总在愉快地啁啾，在树叶间刮擦，快速地换枝栖息，攀爬树干，不动一根羽毛就能在空中翱翔，给人一种干什么都很幸福的印象。好像它们活得很轻松。鸟常被赋予文化含义，如鸽子象征和平，蓝鸲代表幸福，知更鸟预报春天，这更加深了"鸟活得无忧无虑"这一误解。其实，鸟每天，甚至每时每刻都面临着艰难的挑战，只是我们没看到而已。

在野外实地长时间观察鸟类飞行、喂食、休憩、筑巢时，我总为它们在暴雪中觅食、与巨浪搏斗、在狂风中飞行的身影动容。我总在想，环境这样恶劣，它们究竟是如何破壳、生长、成年，

并随后度过了一年又一年的？

鸟类永远有干不完的事：它们得发动感官觅食、迁徙、应对天气变化、躲避捕食者、彼此竞争、对抗外来物种，并且要克服无数困难。本书介绍的是鸟类的官能、对自然的适应，以及先天拥有的和后天加以利用的行为。只有在生理、解剖、行为上最优化的鸟才能战胜挑战，完成繁育后代这一最重要的任务。

野生鸟类的死亡率和寿命很难精确统计，但我们知道大概的趋势。美国东南部的白眼莺雀只有一半能从越冬地迁徙回繁殖地；

"像鸟儿一样自由"这个表述给人造成一种"鸟无忧无虑，随时飞来飞去"的错觉。
实际上鸟类虽然可以飞，却并不那么随心所欲。

绒啄木鸟不迁徙，常年生活在北美地区，但每年只有36%能存活下来。鸣禽成鸟的年成活率在40%～60%，而这些成鸟的雏鸟只有大约10%能成功孵化并活到次年发育成熟。所以一只鸣禽能长到两岁是二十分之一的奇迹。鸟要应对的危险太多，所以寿命不长。体型大的鸟死亡率相对低一些，但日常也要应对危险。人是年纪越大越接近死亡，决定鸟寿命的却不是年纪；它们不是慢慢衰老，大部分鸟类发育成熟以后，一生都充满危险，随时可能毙命，不分老幼。疾病和伤口都是致命的，所以在野外很少能观察到生病或受伤的鸟，能看到的都是活蹦乱跳的。

鸟类经历了2亿年的演化，已经变得十分灵活机敏。可如今它们要面临的挑战却不仅限于自然选择，更有人类加诸其身的新困难。人类一出现就很快影响了鸟类。早期的人类以鸟为食。后来，农业生产侵占了鸟类栖息地，但也无意中给它们提供了食物。随着文明发展，鸟的羽、喙、骨成为人的饰品。再后来，人类学会了驯养鸟，获取肉和蛋。枪出现以后猎鸟更容易了。人类文明越发展，鸟类的栖息地越小。1900年的《雷斯法》（the Lacey Act）是美国首个野生动植物保护法，在此之前，对各类野生动植物的大规模破坏十分常见，商业猎鸟获取肉和羽毛也不受限制。1918年的《候鸟协定法》（the Migratory Bird Treaty Act）进一步为候鸟提供了保护。这些法令在北美产生了巨大影响，但是北美以外的鸟类栖息地或迁徙地缺乏对鸟类的保护和重视。现今世界上有

10000 多种鸟，其中约 1400 种濒临灭绝。

　　人类在鸟类原本的栖息地建起城市、公路、高楼，架起输电塔、电线、微波天线，竖起风力发电机、路灯，还养了几百万只猫。虽然鸟类生病不是因人而起，但生存环境的变化使病原传播得更快了。加利福尼亚州莫哈维沙漠（the Mojave Desert）里有一个太阳能发电站，日光在此强烈聚集，一旦鸟不小心飞过，立刻会被焚化。为了适应环境，鸟类演化出许多惊人又独特的能力，但还远远跟不上世界的变化。比如它们对透明的窗户、路灯、高楼、电塔，以及不计其数的猫仍然束手无策。气候变化已经影响了候鸟迁徙规律，但更长远的影响仍未知。

　　本书以鸟类学为基础，介绍了鸟类在适应环境过程中生理和行为上常见或罕见的变化；并浅析了鸟类日常面临的挑战和生存策略。鸟类能看见紫外线，不通过视觉和触觉就能觅食，能不停歇地飞数千英里，能快速飞越茂密的丛林而不撞上树枝，能用嗅觉导航，能经受各种极端恶劣的天气，能与栖息在同一个系统的其他鸟共享资源，在城市里定居后能改变鸣声。这些只是它们无数惊人行为中的一部分。仅仅为了活到明天，鸟类就不得不拼命适应无时无刻不在变化的地球环境。

一、鸟喙和鸟腹

——觅食动机

> 鸟嘴上生有喙，喙相当于人的嘴唇和牙齿。因功能和防护目的不同，喙也多种多样。
>
> ——亚里士多德（Aristotle），《论动物的组成》（*On the Parts of Animals*）

你有没有看过喂食器上的鸟为了抢食互相推搡、抢占最佳位置？树林里的鸟也是这样，只不过树林范围大，鸟的种类更多、食物也更多样化，所以很难观察。觅食一词的英文（foraging）源于古法语 *fourrage*（原词义近似于觅食、抢夺），形容鸟寻找食物的样子。仅觅食、喂食两件事就要花上一天的时间。但这种投入是必要的：高效觅食是生存的根本。解决了觅食，在实现传宗接代这一根本目标之前，鸟还要克服其他困难，如恶劣天气、捕食者、同类竞争者、迁徙活动等，而这些更加重了觅食的负担。

鸟类学家很早就开始研究鸟类喂食行为，20世纪60年代以

来，他们发现鸟在觅食时，单位时间获得能量越多的个体产下的子代越多。营养不足、在觅食上浪费太久或投入太少，都会威胁到鸟的生存。意识到这点以后，鸟类生态学家在野外研究时开始重点关注觅食行为。

喙的形状决定了觅食效果，进而决定了鸟的习性。除少数种类外，喙是鸟类唯一的工具。喙不仅可以用来觅食和喂食，还可以用来梳理羽毛、涂油脂、防御领地、攻击捕食者、筑巢、辅助求偶炫耀，等等。既然喙的功能这么全面，为什么不同物种之间有区别，而没有都演化成完美、万能的喙？因为自然选择为不同的食物巧妙地安排了不同的鸟喙，这样就减少了物种间的竞争。

1. 从齿演化到喙

英语里有个俗语叫"像鸡的牙那么稀罕"，是有依据的。根据现有知识，所有脊椎动物（包括鱼类、两栖类、爬行类、鸟类和哺乳类等）中只有鸟类没有牙齿，这里"牙齿"的定义为"下颌上固定的釉质凸起物"。距今1.5亿年前的侏罗纪时代，地球上生活着一种爬行动物到鸟类的完美过渡生物，它下颌有固定的牙齿，尾部有尾骨，腹部有类似爬行动物的肋骨，还有羽毛——我们称之为始祖鸟。始祖鸟化石无疑是迄今为止发现的最重要的化石之一，长久以来它被公认为鸟类的始祖。然而自它于1861年问世以来，又出土了一些其他化石，都被认为可能是鸟类始祖的化石，如 2011 年在中国出土的郑氏晓廷龙。

许多早期鸟类的主要骨骼特征跟虚骨龙类似：骨盆前倾、眼眶大、有眶间隔，骨骼轻便、有空腔，尾骨退化，前肢和手部细长，锁骨愈合（形成叉骨）。早期鸟蛋的结构也跟虚骨龙类似，有些还有羽毛。飞行能力在演化中逐渐增强，要求身体形态也发生相应变化，如减轻重量。因此鸟的牙齿开始变小，数量也开始减少，直至完全消失。取而代之的是，长出弯曲或锯齿状、重量更轻的喙。除喙之外，鸟类的舌头和足还演化出了刺和勾以辅助觅食。哺乳动物进食时先通过牙齿咀嚼再进行消化，而鸟类寻获昆虫、花蜜、水果、蠕虫、种子等之后立刻吞咽。为了适应这些变化，鸟类的进食系统逐渐特化，这不仅表现在喙部的形态上，而且还深至腹部（包括嗉囊和砂囊）。

喙由上、下颌骨两部分组成，其表面覆盖着一层厚厚的角质鞘，这种结构蛋白也是构成皮肤、羽毛、鳞片、指甲、龟壳的物质。角质鞘一直在生长，有时会有季节性的颜色变化，如紫翅椋鸟的喙冬季是黑色，春季则变成黄色。

觅食使鸟演化出千姿百态的喙，其外形和大小多如冰激凌的口味，可见鸟类的食物种类和来源之多。喙的尺寸大如非洲鲸头鹳的木质、履形喙，小至雀科的迷你小喙。外形上，有利钩形、长直形、硬厚形、巨嘴形、锥形、钝形、上翘形、下曲形、弯曲形、交错形、膨胀形、锯齿形等。功能上，喙可以撕扯、伸进缝

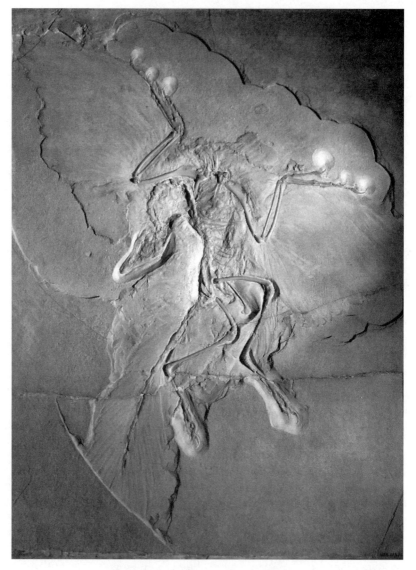

始祖鸟化石，地球上"第一只鸟"化石。

隙、吸吮、过滤、啄取、劈裂、挤压、击凿、压裂、夹紧、刺穿、抢夺食物，等等。

喙的形状、长度、功能不同，因而进食方式五花八门。粗健的锥形喙适合吃种子，扁阔的三角形喙则可以轻松捕捉到空中的蚊虫。交嘴雀用上下颌别开松果；滨鸟则把细长的喙深入泥滩，不看、不试探，也不用闻，就能捉到鱼虾蚌类；剪嘴鸥下喙张开插入水中紧贴水面飞行，遇到水面的食物迅速攫取。喙决定了鸟的生态位，霸鹟科鸟在泥滩无法捕食，丘鹬在密林中也很难生存。

喙还能作为性信号。雄性斑胸草雀的喙越鲜艳越能吸引雌鸟，海鹦的彩色喙也有同样的作用。喙还能调节体温，鸟类缺乏汗腺，通过喙辅助散热。鸟喙兼有多种功能，因此有时难免要在各种需求之间做出权衡，但喙的首要功能始终是进食。

以加拉帕戈斯群岛的雀形目小鸟的喙部演化为例。最初一些雀形目小鸟的祖先从中南美洲飞到加拉帕戈斯岛。后来，它们的后代越来越多，逐渐扩散到周围诸岛，至今已经分化出 14 个种属，喙形各异。其中 3 种在地上活动，以种子为食；3 种在仙人掌上活动，以果实和昆虫为食；1 种在树上活动，以种子为食；其他则以树上的昆虫为食，例如拟䴕树雀会把仙人掌的刺插入树枝缝隙来抓昆虫幼虫。鸟类每演化出一种新的喙就能探索新的食物来源，相当于拓宽了食物范围，这对此地所有鸟类都有益。

加拉帕戈斯岛几种雀形目鸟的不同喙形。

1. 大地雀　2. 中地雀　3. 小树雀　4. 莺雀

喙形决定鸟的行为和食性，因此每种鸟都有独特的觅食和进食方法。我们先从比较熟悉的食种鸟类开始吧。

2. 食种鸟类

自从鸟类能够飞行，它们就开始以谷物（包括种子和谷物）为食。种子易于获得，且能提供高浓度能量。食种鸟类下颌肌肉发达，进食时上颌固定不动，靠下颌把种子往上推。上颌内的硬腭高度角质化，且有脊状、块状和针状突起，这些结构可将种子去壳，把可消化的部分往后推。

种子不易消化，于是被吞下的种子需进入嗉囊，再进一步消化。嗉囊是食管中部或下部特化膨大的部分。多数鸟类都有嗉囊，但鸻形目和鸭科鸟类是例外。一种观点认为，嗉囊是跟随某些鸟类快节奏的生活习性演化来的。中国出土的化石证明，早在 1.4 亿年前某些物种就有嗉囊结构了，例如一些草食性恐龙，嗉囊的作用是暂时贮存食物。有嗉囊的鸟不需要等吞咽下的食物完全消化，而是可以把食物存放在嗉囊里，甚至撑到爆；之后食物再慢慢向下移动，慢慢消化。我捡到过一只死去的松鸡，嗉囊有拳头大，里面装满了刺柏的松针。兽医托马斯·贾塞奇（Thomas Caceci）解剖的一只林鸳鸯嗉囊内装了 10 枚大橡子，比例相当于人的喉咙里塞了 10 个高尔夫球。

食物从嗉囊进入小肠[1]，再进入分泌消化酶的腺胃（又称前胃）。胃的第二部分是肌胃，又叫砂囊。砂囊一词源于古法语 *gésier*，意思是鸡胗。砂囊肌肉发达，里面含有的砂砾和碎石能在不断的运动中碾碎食物，起到了牙齿咀嚼的作用。人们一直对砂囊很感兴趣。18 世纪意大利天主教牧师斯帕拉捷（Spallanzani）声称给火鸡喂过手术刀片，但火鸡的嗉囊把刀片磨成了碎片。据说把鸡放在耳边就能听见砂囊里碎石磨食物的声音。

食种鸟类一般是锥形喙，根据其食用种子的轮廓、尺寸、形

---

[1] 此处准确的描述应为：食物从嗉囊进入下节食道。——译者注

状和坚硬程度稍有区别。喙越深、肌肉组织比例越高，越能使上劲，所以一般来说，喙基越深，能吃的种子就越大。黄昏锡嘴雀的喙大到连樱桃核都能压碎，法国探险家以为这种鸟只在傍晚觅食，因而取名黄昏锡嘴雀。同鸫科鸟类和其他食浆果鸟类一样，黄昏锡嘴雀吃完果肉后，会把果核反吐出来，重新压碎消化。欧洲的锡嘴雀还会压开橄榄和李子核，把半消化的种子喂给雏鸟。

鸟类往往以最容易找到、最容易打开的种子为食。喂食器旁的鸟就有各种各样的表现：白冠带鹀小心地剥开种壳吃掉种子，灰斑鸠把大个的种子囫囵吞下去，而体型娇小的金翅雀则挑又小又软的种子吃。另一些燕雀进食时先把种子横着放在下颌边缘，前后磨动把壳压开，然后把种子推到颚的中间，左右磨动，把壳完全剥下来。在投食处仔细观察还能发现其他进食方式，就像感恩节晚餐时人们吃饭的习惯五花八门一样。

红交嘴雀的食物种类单一。它的上下喙交叉，上下颌强健有力，能撬开坚硬的松果吃松子。剥壳时它会用一只爪压住松果。一个有趣的现象是，下喙朝右的交嘴雀用右爪压松果，下喙朝左的则用左爪压松果。借着这门绝活，交嘴雀几乎垄断了松果这种特殊的种子资源，但食性单一也有弊端。因为剥壳已经很费时了，没有时间去搜寻食物，所以交嘴雀的食物丰度[①]得比其他物

---

① 食物丰度指单位面积里的食物量。——译者注

雄性红交嘴雀。雌性是浅绿色的。下喙有的朝左，有的朝右，这两类在种群中数量均等。

种的高出2～3倍才能满足其日常能量消耗。针叶林的种子产量每3～5年就会下降，这时交嘴雀不得不取食其他种子，而它并不擅长给新种子剥壳，于是就会在竞争中处于劣势。

美国西部和墨西哥的橡树啄木鸟会把橡子藏在"粮仓树"上，激烈地捍卫食物。它把橡子紧紧嵌进树洞或者木质电线杆上的洞里，打它们主意的乌鸦、松鼠、老鼠根本掏不出来。等到它自己想吃时就用喙把种壳凿开，直接吃种子。北美星鸦舌下的囊里一次能放下90颗以上的松子，很多都被运到别处埋起来贮存，有时甚至埋到积雪下面。它们每年冬季储备的食物量是实际所需食物量的2～3倍，最后能挖出一多半取食。它们不但能记住贮藏地

点9个月不忘，还能记住每处埋藏种子的大致数量和尺寸。佛罗里达丛鸦也储备食物，但一次只埋一枚松子；如果埋的时候有其他丛鸦在场，它们担心松子有可能被偷走，于是会过一段时间回去挖出松子转移走。只有偷过松子的丛鸦才会这么谨慎。大概相当于人类的"以己度人"吧，那些诚实的丛鸦通常都会信任同类，而偷过松子的丛鸦则不会。

3. 食草鸟类

食草鸟类数量很多，有些被看作是吃粮食的害鸟，比如：北美的黑鹂和印尼的爪哇禾雀吃水稻，澳大利亚的鹦鹉吃巴旦杏。非洲的红嘴奎利亚雀是最臭名昭著的，据说它是世界上数量最多的鸟，一个超大群落可容纳约3000万只个体。它们一起落在树上能把粗壮的树枝压折。一大群奎利亚雀每天可以吃掉50吨谷物，而在澳大利亚，奎利亚雀还是一种宠物，所以昆士兰生态安全协会（Queensland Biosecurity）十分担心它们逃出来糟蹋玉米、小麦和燕麦。为了生存，奎利亚雀演化出这样一个能力：大的群落分散成小组分头觅食，之后回到栖息地，分享所找到的新的食物来源信息。研究显示，喜欢在有机绿色农田里觅食的鸟的数量和种类比在无机农田里的多。因为有机绿色农田不用杀虫剂，昆虫和杂草比后者多2～3倍，所以这个结果可能不意外。

每次去我最喜欢的湖边钓鱼，我都尽情欣赏水面和岸边草丛里的加拿大黑雁。20世纪初时，因过度捕猎和栖息地破坏，它们的数量骤减，而现在北美地区就有约600万只。它们以草类的叶片、茎和种子为食，其喙边缘有尖锐的薄板结构，能叼住植物。农作物缺乏时，它们转而吃些低营养、富含不易消化的纤维素的食物，这些食物能迅速通过消化系统，因此要持续进食。结果就是，它们差不多每20分钟就要排便，学校、公园、高尔夫球场到处都是它们的粪便，也难怪它们被人嫌弃。新西兰的鸮面鹦鹉也叫猫面鹦鹉，它不会飞行，也是素食鸟类，常反复咀嚼不易消化的纤维素食物。可能是因为颌、舌、喙可以在吞咽前高效碾磨食物，它的砂囊与其他素食鸟类比起来相对较小。鸮面鹦鹉有别于其他陆生鸟类之处还在于其能储存大量脂肪，它是世界上最胖、最独特、寿命最长的鹦鹉，有的甚至可以活90年。

松鸡和雷鸟进食的纤维素，有五分之一可以被消化掉。要是它们的消化系统演化出发酵腔，恐怕还能消化更多，但这样一来它们就更重了，现在就已经不太飞得起来了。不能飞行的鸟类都演化出了发酵腔，如非洲鸵鸟、鸸鹋和美洲鸵。这些大型走禽以绿色植物和种子为食，它们的盲肠能消化大部分纤维素，比人的阑尾功能更强大。鸸鹋的消化道有一个肌肉发达的砂囊，再辅以砂砾（它的砂囊里不但有小石子，还有玻璃碴、木头，甚至金属制品）和酸性环境，碾磨能力超凡。它们喜欢吃水果和种子等高能量食物，从植物茎部吸收的能量足够支撑每天三分之二的活动。

非洲鸵鸟的砂囊能装下 3 磅重的东西，里面什么稀奇古怪的东西都有：戒指、瓶盖、火花塞、自行车气门芯，还有电线。但是它们不吃罐头盒，也不像传说的那样把头埋在沙子里。

4. 食虫鸟类

虫子是鸟类的另一种重要食物来源，节肢类昆虫、蜘蛛、蝇蚊、百足类昆虫、蚂蚁、甲虫和一切类似的虫子都能吃。鸟类捕捉这些高质量食物的方式有三种：拾取、扑击、探入。

拾取型

拾取指从地面、树叶、石头、树干等处直接捡虫子吃的觅食策略。山雀和戴菊等通过拾取方式觅食的鸟类常振翅、跳跃、悬挂或盘旋着从树叶上摘取猎物。大部分莺科鸟类会在树枝间穿梭，见到树叶上有虫子就啄下来，鸫和唧鹀则跳跃着在地面废弃物中找食物。生活在美国西南部和墨西哥的黄头金雀会用结实的爪把树叶拉过来，或者倒悬着查看叶片背面有没有隐藏的小虫。它们也吃大一点的毛虫，用一只爪抓住，然后一点一点啄着吃。黑顶山雀不喜欢随处乱逛碰运气，而是通过寻找被毛虫啃过的残缺树叶定位猎物。它先找到干枯卷曲的树叶或树枝，再判断里面是美味的毛虫，还净是些以难吃又有毒的单宁或者苷类为食的虫子。黑顶山雀找到猎物后喜欢用一只爪倒挂在树上，用另一只爪抓住幼虫啄食。

一般拾取型的鸟类都是小型食虫鸟，但也不绝对，大一点的如啄木鸟、鹑、拟八哥、鸦、鸫、鸥、家鸽、火鸡等，也会采取这种策略。有些鸟还有特殊的食物来源。非洲的牛椋鸟专捡长颈鹿、犀牛等有蹄类动物背上的虱子类寄生虫吃。一直以来，人们都以为它们是互利共生关系：牛椋鸟有了食物，动物也少了皮肤寄生虫的烦恼。但最新研究表明，牛椋鸟停在这些动物背部时，只有15%的时间在吃虱子，其他时间都在从动物毛发里掏表皮伤

北美白眉山雀倒挂在向日葵花冠上，秀出一身绝技。

口结的痂、耳垢或者其他好吃的东西。牛背鹭专门跟在水牛、牛羚、斑马、黄牛后面，捕食被其惊飞的无脊椎昆虫。它们跟在这些哺乳动物身边时，只用三分之二的精力就能获取比单独觅食多两倍的食物，无疑是受益的。而且最好这些动物步速适中，走得太慢则惊飞的虫子少，走得太快又来不及吃。

另有一些间接的拾取方法。家麻雀守在高速公路休息区餐饮处，等着吃被汽车散热器和游客烤架烤熟的虫子。佛罗里达州肯尼迪太空中心停车场的宽尾拟八哥也有类似行为。大尾拟八哥则会从过路游客的汽车牌照上摘虫子吃，所以能在加利福尼亚州的死亡谷生存，它们不选择散热器和烤架上的虫子可能是因为这两者太烫了。

扑击型

以扑击方式觅食的鸟类从栖木飞出，迅速抓住虫子，再回到树枝上或杆子上。这种捕食方法也叫突击式或飞掠式，很利于谋生，所以上百种鸟都用这种方式觅食。这个类别下的霸鹟科是鸟纲中最大的科，下面又有400多个种，其中既包括世界上最小的鸣禽（侏霸鹟），又囊括了与体型相比尾巴最长的种（叉尾王霸鹟）。美国西南部和中美洲的常见种——黑长尾霸鹟常在小溪或池塘边挑一矮枝，等着蜜蜂、黄蜂、甲虫等飞虫过来。有猎物接近时，它迅速飞出，用利钩形的喙凌空一口猛叼住虫子，边飞边吃。如果虫子太大，就带回栖木，用喙把猎物摔在树枝上，几下之后虫子就死了。气候较温和地区的鸟类选取猎物的标准是看尺寸，霸鹟也不例外：大霸鹟吃大虫，小霸鹟吃小虫，不大不小的霸鹟就选择中等体型的。

我的博士论文研究的是在不同栖息地的 7 种霸鹟的食性和食物选择。在做文献调查时，我发现大部分鸟类学家都以为霸鹟是用颌一侧特化的羽毛——长长的口须——把虫子扫进喙里的。但是这种说法缺乏依据，所以我专门捕捉了一些霸鹟，养在大飞行笼里，以每秒 400 帧的速度拍摄它们在空中捕飞虫的过程。以正常播放速度观看时，我发现霸鹟是通过把向下钩的上喙迅速闭拢，用喙尖咬住飞虫的，口须似乎没有直接起作用。随后的解剖学实验表明，其口须上根部皮肤与大脑直接相连，因而具有触觉功能，可能用来在飞行中帮助调整速度和方向。

霸鹟的口须

雨燕科也是数量众多、生存良好的一个科，有大约 100 个种，其翼薄、形似镰刀，身形似雪茄，加上长长的初级尾羽，整体身形似回力镖。雨燕基本在空中生活，可以边飞边觅食、饮水、交配、睡觉，除了筑巢很少降落。雨燕的爪弱小，实在需要停下来休息时，通常只靠尖爪攀附在垂直墙面上（雨燕曾和蜂鸟一起同归为雨燕目，雨燕目的拉丁名前缀 "apodi" 意思是没有脚）。雨燕捕食时飞行高度适中，但最高可飞至 3000 英尺觅食。哺育雏鸟时，一对白喉雨燕每天可捕捉 5000 只节肢动物送回巢中。

燕科的翼更宽、尾更长，也在空中生活，但时而俯冲下来从地上或水面捡虫子吃。它们倾向于贴近地面飞行，其猎物比雨燕的更大，但它们不喜欢蜇人的蜜蜂或黄蜂。燕科鸟类规律地在树枝或电线上休息，偶尔也停在地面，但走路略费劲儿。食物紧缺时，它们可以转而吃水果。非洲的大纹燕甚至也吃洋槐种子，还喂给雏鸟。

美洲夜鹰及其近缘种与燕科鸟类身形相似但体型更大，主要在傍晚觅食，此时的飞虫数量较多。它们的喙极小，几不可见，但颌打开后嘴并不小，且有黏性。它们有一个绰号叫"喝羊奶的鸟"，因为它们嘴很宽，人们就误以为是用来叼羊奶头的。它们飞行高度低、速度慢，翅膀扑扇得十分凌乱，但觅食时张开的喙能把虫子舀进去然后迅速咽下，如此一来每晚能捕捉几千只虫子。

食虫鸟类里有一支特别的家族——非洲的响蜜䴕，严格来说

双色树燕住在树洞或鸟巢箱里，跟燕科其他鸟类相比，越冬地点最偏北。

响蜜鴷是杂食型。它们能把东非原始部落的土著引到有蜂巢的地方。当博兰族人用口哨呼唤响蜜鴷，它们就鸣叫回应，然后向着有蜂巢的地方飞一小段距离，再鸣叫，直到把人引到蜂巢前。等

人捣毁了蜂巢，把蜂蜜取走，响蜜䴕就享用剩下的蜂卵、幼虫、蜂蛹和蜂蜡。人和鸟都满载而归。

探入型

探入型鸟类把喙伸进或大或小的裂缝里吃小的无脊椎动物。北美的美洲旋木雀是一种喙尖、下弯的小型鸟类。觅食时，它先飞到树底部，沿着树干螺旋攀缘，寻找树皮表面和里面的昆虫、虫卵、幼虫和其他小动物。它爪长，尾硬且尖，成楔形，利于攀爬，停留在树上时外形像一块树皮。鸭的喙尖而直，尾短，行动类似美洲旋木雀，但喜欢沿树干向下攀行。鸭以食虫为主，其英语名字源于"破壳"（hatching）这个单词，因为它能用尖长的喙撬开坚果和种子壳食用。鸭跟之前介绍的橡树啄木鸟和星鸦一样，也会贮藏食物，种子和昆虫都藏，但一般在一个地点只藏一种食物。

啄木鸟能把喙探入树皮、屋顶木瓦，以及地面上极深的裂缝中。其喙的内部结构十分特殊，像一个弹簧。舌的长度是喙的4倍。一些种属的啄木鸟舌上有Y字形舌骨，上面覆着肌肉，舌根从鼻孔或眼睑前端分出两个叉，向后环绕过后脑壳，下垂至喉中相交为一根，再从下颌伸出。根据种属不同，啄木鸟舌基部还可能有黏液、长有倒钩刺，或末端呈扁平状。

啄木鸟除了啄食和探入，还会敲击树木，所以围绕啄木鸟有个永恒的问题：它们为什么不会头痛？3个原因：1.头骨结构

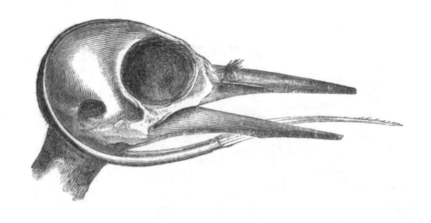

啄木鸟的头骨展示了舌根位置。

疏松，像海绵一样，起到了减震作用；2.下颌微曲，继续减震；3.舌骨的功能有如安全带，能防止脑部运动幅度过大。陆军坦克兵的新式头盔和自行车赛车手的头盔设计时都参考了啄木鸟这套减震原理。

　　滨鸟更是把探入觅食变成了一门科学。它们长长的喙深入淤泥中探索无脊椎动物，如蠕虫、昆虫幼虫、端足动物、甲壳动物和软体动物，能深能浅。喙短的鸻可以深入2英寸^①，喙中等长的长脚鹬更深一些，喙长的鹬能探入8英寸深。它们如何在这么深的地方找猎物？找到以后如何抓住？想象一下把合着的长镊子插

①1英寸=2.54厘米。——译者注

不同种滨鸟的喙。
1.斑腹矶鹬 2.长嘴杓鹬 3.云斑塍鹬 4.高跷鹬 5.环颈鸻 6.黑颈长脚鹬

在泥里，你能打开吗？喙长的滨鸟每次只打开喙最尖端一丁点，有点像清洁工用长镊子捡地上碎屑。反嘴鹬的喙长且向上翘，觅食时在水里或淤泥里左右摆动，或者游到更深的水域，像鸭子一样，头朝下猛地扎下去。

但是，滨鸟是如何得知沙土、淤泥下面有猎物的呢？最新研究显示，西滨鹬、美洲小滨鹬和红腹滨鹬等滨鸟不看、不闻、不摸就能探测出沙土下有没有猎物。奥秘在于喙表皮下的力学感知器官——海氏小体。海氏小体能区分物体的压力变化率，因此只要把喙伸进沙土里半英寸就能感知这里是否有石子或者猎物。以前，科学家认为新西兰那些夜间行动的几维是通过嗅觉捕捉蠕虫的，因为它的鼻孔位于喙的顶端，而且脑部的嗅叶很大，最新研究则表明，几维的力学感知器官跟滨鸟的类似。此外，鹬也演化出了海氏小体。由于以上3种动物并无亲缘关系，因此可以认为它们是各自独立演化的。

几乎全球各地的海滨都有蛎鹬科的鸟，它们吃得很杂，在陆上吃洞里的蠕虫和昆虫，在浅滩吃海洋蠕虫和带壳的无脊椎动物。蛎鹬的长喙像楔子，能把石鳖和笠螺从礁石上撬下来，或者直接敲碎它们的壳。蛎鹬的名字源于它们食用蚌类和牡蛎的方式：趁蚌类张开壳进食时把喙插进去切断它们的闭壳肌。这项技术不是与生俱来的，雏鸟需要学习，学会之前通常从成鸟那里偷食物吃。

探入型鸟类中最有名的是蜂鸟和太阳鸟。进食时它们把喙插入花中，用布满沟槽、边缘呈锯齿状的舌头吸取花蜜。世界上有132种太阳鸟，而蜂鸟种类是它的3倍，这种进食方式也很有效。由于鸟类和被子植物差不多同时出现于1.5亿年前的侏罗纪时代，两者应该有比较紧密的联系。很多花的花瓣从形状到功能都是为了吸引传粉的昆虫或鸟类，作为回报，授粉者可以吸食花蜜。依靠蜂鸟传粉的花一般是鲜艳的黄色、橙色、红色，味道不大，花蜜浓度和花粉量中等偏上，花柱水平或朝下，花瓣通常是柱状的。传粉时，蜂鸟盘旋在花瓣上方，用喙沾花粉。南半球雨林中的"假极乐鸟"——蝎尾蕉的花粉能分泌丝状黏液，粘在蜂鸟喙

绿紫耳蜂鸟正在吸食鼠尾草花的花蜜。

上，更有利于传粉。蜂鸟在空中边飞边进食，所以靠蜂鸟授粉的植物，花可以开在植物的任何一个高度。但太阳鸟进食时需要停留，所以靠其传粉的植物要能为它提供一个栖息的地方。南非随处可见的狒狒草就额外长了一枝穗，作为太阳鸟的栖木。另有一些通过太阳鸟传粉的植物，专门把花开在靠近地面的位置，方便取用，靠太阳鸟的脚来传粉。

5. 食果鸟类

动物传粉比风力传粉更有效率，是协同演化理论的有力依据。

植物经过授粉才能受精结成果实，产生种子，而种子需要进一步被散播出去，所以种子外面总是包裹着果肉以吸引播种者。鸟吃下整颗果实，把硬壳的种子从消化腔排出或者吐出来再咀嚼，这个过程中种子离开母本植物得到传播，而鸟得到了营养，实现了双赢。吃果实的鸟很多，哥斯达黎加的一项研究显示，当地有 70 种鸟，可食用的果实有 170 种。鸟类挑选果实的标准很多，包括营养比例、果肉厚度、口感、成熟时长、色泽等。冬季缺少昆虫时，浆果是最重要也是唯一的食物来源。英格兰的槲鸫会为守卫浆果做出防御行为，北美的坦氏孤鸫也会守卫杜松树的果实。黄腰林莺是森莺科唯一能消化蜡质的香桃木果实和月桂果的鸟类，因此相比于北美洲其他森莺科鸟类，它们可以去更北的地方越冬。

靠鸟类散播种子的果实一般是红色的，也有蓝色和黑色的，而靠哺乳动物散播种子的果实一般是黄色、橙色或者褐色的。一般人可能认为红色最鲜艳、最易吸引鸟类，但是通过对芬兰的白眉歌鸫进行实验，我们发现蓝色同样吸引鸟类，因为它们能识别被蓝色浆果反射的紫外线光。缺乏食果鸟类的地区，果实一般是混色的，这样才能吸引其他散播者。

吃小果实的鸟通过排便散播种子，而吃大果实的鸟一般在树上或树旁直接吃，吃完直接把大种子丢在树下，不再特意散播。因为大种子比小种子更容易发芽，需要的种子基数更小，所以两种策略成功率差不多。多数鸟吃下种子后几个小时就排出去了，因此

种子大多离母本植物不远。但是有两种滨鸟，双领鸻和美洲小滨鹬，能把蔓生植物、锦葵植物和漆树植物的种子在胃里储存6～14天。这两种鸟是长途迁徙的候鸟，能把种子带到几千英里以外。

雪松太平鸟以食果实为主，消化极快，最短16分钟就能把槲寄生和其他浆果类种子从消化腔排出，几乎相当于生吞。它们不停地吃，直到嗉囊和喉咙都塞满果子，挤得直接从消化道排出去。有时候吃得太撑就把果子传给别的太平鸟，看谁还没吃饱。据说如果它们吃了太多熟到发酵的果子，会像人喝醉酒一样。其实不只它们，黑鹂和鸫也会这样；发酵果子里的乙醇会让鸟醉醺醺的，从树上掉下来，或者飞着飞着撞到什么东西上，不幸地撞死。

雪松太平鸟虽然在繁殖季也吃昆虫补充蛋白质，但主要还是以浆果为食。

有些植物的果实演化得个大味甜、营养丰富，鸟类就更愿意吃，而有些植物在被鸟类消化或者破坏种子的过程中，演化出了毒性。有一种观赏型植物南天竹 *Nandina*，原生长于亚洲，欧洲和美国的一些地区也有，它的很多部分，包括果实，都含有氰化物，对鸟类来说有毒。鹦鹉粗健的喙能压碎、消化种子，它们甚至能消化含有毒素的种子，比如含生物碱的可可，含氰化物的苹果籽，果核中含真菌类毒素——鳄梨素的牛油果。这些鸟类食用有毒的种子后为何还安然无恙？一种解释是，由于鹦鹉同时食用南美河岸边的黏土，黏土在消化腔里和毒素结合，阻止了毒素被吸收。

在所有生物群落中，协同演化都是动态的过程。研究显示，人类伐木导致巴西雨林面积缩小，雨林中一些棕榈树的种子尺寸也随之变小。这是由于森林面积变小了，原本栖息在这里的大型鸟类，如巨嘴鸟数量减少了，棕榈树不得不演化出小种子，以吸引更小的鸟类来散播。但种子越小营养也越少，抗寒性也较差，不利于生根发芽。

在所有鸟类里，只有3%的鸟类以树叶为主食（食叶动物），其中南美的麝雉尤为特殊。麝雉在嗉囊里发酵树叶，与牛的反刍过程很相似。它的嗉囊极大且发达，导致胸部的骨骼和肌肉弱化，因而不擅长飞行。麝雉的雏鸟主要食用成鸟半消化的树叶，更特殊的是，刚孵化的雏鸟前肢就有两个爪，辅助它在植株上攀爬。

6. 食肉鸟类

鹭、雕、隼和鸢等大型食肉鸟类无疑是所有鸟类里最让人印象深刻的。猛禽的英语单词（raptor）源于拉丁语 *rapere*，本意是小偷或掠夺者，所以追捕和猎杀其他动物的鸟叫猛禽。猛禽本身缺少天敌，理论上可以活很久。但所有鸟类孵化后的第一年都充满凶险，猛禽的幼鸟能活过一年的也不到一半。猛禽演化出多项适合捕食的功能：腿和足强健，爪锋利，听觉和视力极佳。因为要在高空飞行时寻找猎物，良好的视力异常重要。很多人以为捕食性鸟类看见猎物以后会直冲下来。但是观察了大量鹰隼捕猎后

麝雉是麝雉科唯一的一种鸟类，其名字源于希腊语，意为"背后的长发"，以描述它特殊的冠羽。

我们发现，它们从远处发现猎物后，视线锁定猎物，头部倾斜45度，这个角度使它必须盘旋下降。等到距离小于26英尺再竖起脑袋直冲过去。鸟类飞行学家先驱万斯·塔克（Vance Tucker）发现，虽然猛禽头部倾斜盘旋飞行耗时长、下降速度慢，但是比从远处直接俯冲下去捕猎成功率更高。

鸢和雕本质上没有区别，一般体形较大的称为雕。全世界共有约60种雕，大多数分布在北美洲和欧亚地区。它们喜欢捉活的猎物，如老鼠、兔子、鼯、囊鼠、土拨鼠、蛇、其他鸟类和大型昆虫。金雕喜欢在低空飞行，发现目标后，利爪前伸、翼后收，猛袭向猎物，从地上抓起可怜的兔子，带到别处，用尖喙把它撕成小块再吃。金雕的爪长，腿部肌肉发达，抓起狐狸、灰狼甚至一头小鹿也不成问题。阿拉斯加的雕有点顽皮，经常偷牧场里的绵羊、驯鹿和小羊羔。对于非洲的蛇雕来说，蛇是美食，大小不挑，有毒没毒全是美味，但令人迷惑的是，它本身对毒液并不免疫。南美的棕鸡鸢有点挑食，只吃螃蟹，其长腿发力，一爪就刺穿蟹壳。白头海雕以吃鱼为主，但是每次不在水上扑腾五六下根本抓不着，有时候还得入水游泳。它也吃鸟类和其他哺乳动物，驾轻就熟地从体格比自己小的鹗那里偷鱼吃。它们食腐肉，阿拉斯加的白头海雕常在垃圾堆里觅食，它们会挑鹫不在的时候去。1782年，白头海雕战胜火鸡（富兰克林总统选的是火鸡）当选"美国标志"。它的英文名字（bald eagle）里含有单词"bald"，

意思是秃头，但它其实一点也不秃，因头顶和尾部的羽毛是白色，像秃顶而已。英语里管这样的外观叫"piebald"，意思是大的斑点或一小块图案。

鵟的英语名字（hawk）源于古德语 *Habischt*，是抢夺者之意。确实，鵟几乎来者不拒。鵟在捕猎时需要向下看，阳光过于刺眼会影响它们的视线。所以鵟的眼睛上方、大致在眉毛的位置有突出的眶上嵴，能像棒球帽一样挡住阳光，顺便让它们看上去更吓人。宽翼、多盘旋翱翔的鵟在命名时，属名后的种名通常以"鵟"字结尾；而鹰属里翼窄、飞行速度极快的鵟，通常名字里带有"雀鹰"或"鹰"的字样。北美的红尾鵟和欧洲的普通鵟利用上升气流在天空中穿梭寻找猎物，极少振翅。赤肩鵟喜欢吃蛇和蜥蜴，而红尾鵟喜欢剥了皮的小型哺乳动物，它会把老鼠、囊鼠的皮剥了再吃。鵟的尾羽长，擅长在林区灵活盘旋。库氏鹰和腹纹鹰外形类似，后者体形略小，擅长飞行，在栖息和飞行时都能捕食。它们比翱翔类的鵟飞行速度更快，以啮齿类动物和其他鸟类为食，但尤以能灵活捕捉灌木丛中的鸣禽著称。在给库氏鹰尸检时，人们发现有三分之一的个体存在单侧或双侧锁骨断裂，推测是在追飞行的猎物时撞在树枝上受的伤。

鸮是夜行食肉动物，与鵟多处类似，捕食中小型猎物，腿强健有力，足和爪强锐，喙适合撕扯，听觉和视觉敏锐。以小型鸟类、鼠类、囊鼠类为食，进食时会连同不易消化的部分整个吞下，进食后10小时左右再将食物中不能消化的骨骼、羽毛、毛发、纤维素、鸟环（小山雀、麻雀戴的鸟环）等残物渣滓攒成圆形或椭圆形小团（叫作食丸）吐出。鸢、鸬鹚、潜鸟、鸬鹚等近缘属也有类似习性。在倒嚼食丸的过程中，鸮会发出干呕的声音和动作，表情极痛苦。之前提到有些鸢喜欢拔毛剥皮再进食，但鸮会不加处理地整个吞下，所以食丸中含有羽毛和毛发。鸮的食丸检测很常见，很多学校或者自然博物馆都有相应服务，甚至可以作为商品购买，有不同大小和成分（比如可选鼹鼠、小鸟或者囊鼠）。

腹纹鹰下肢细长，由此得其英文名（Sharp-shinned Hawk）。

仓鸮的食丸质量最好，因为它们的胃液酸性比其他鸮弱，食物保存得更好。

多数鸮是杂食性鸟，少数个体进食单一。世界上最大的鸮是远东的毛脚鱼鸮，喜欢站在冰窟边缘等候鱼探头。非洲的横斑渔鸮能将爪伸入水中追逐猎物，三只前趾中有一趾可以转向朝后，变成两前两后围捕猎物。多数鸮的飞羽上生有延长的羽枝，飞行时起到消音的作用，但渔鸮没有羽枝，因为出声也不影响捕鱼。㖘鹠会趁蜂鸟在喂食器进食时捕捉它们。灰林鸮、长耳鸮和仓鸮以蝙蝠为食，它们合起来可以吃掉英国 11% 的蝙蝠。热带地区体形较小的鸮大多以蛾、甲虫、蟋蟀等昆虫为食。一些种的鸮偶尔吃蛇，但美国西南部的西美角鸮常把活的得州盲蛇带回巢中。这种蛇主要吃蚁类和白蚁幼虫，也吃鸮巢里的害虫和蛆（蝇幼虫）。有盲蛇的巢里幼鸟生长更快，成活率也更高。

隼形目鸟类翼窄而尖，是飞行速度最快的一类猛禽，包括著名的游隼。游隼俯冲时速度可达 200 英里 / 时。游隼分布甚广，除了南极几乎遍布全球，主要捕食小型鸟类。我观察过一只游隼，它捕到蓝鸫后用爪抓着拔毛，吃掉头部，剩下的部分带回巢分给两只雏鸟。游隼速度快、体态灵活、外形俊俏，是驯隼人的最爱。它的拉丁种名是 *peregrinus*，意为"漫游者"或"旅行者"，中世纪时，驯隼人常趁着亚成鸟前往繁殖地途中捕捉它们；而属名 *Falco* 源于拉丁语 *falx*，用来形容其翼、爪和喙形似镰刀。

7. 食鱼鸟类

食鱼鸟类包括潜鸟、鹲鹕、企鹅、海鸦、海鸽、海鹦、燕鸥、鸬鹚、蛇鹈、北鲣鸟和鹗。北鲣鸟是世界顶级捕鱼高手，可以一次性垂直下潜75英尺。它的鼻孔不外露，胸骨强健，肺泡结构特殊，类似气泡垫，像气囊一样在入水时起到缓冲作用，演化得非常适合潜水。鹗则正相反，它不能潜水，只能在水面附近捕食，它的名字源于法语 *ossifrage*，意为"能折断骨头的人"。鹗遍布全球，栖息时三趾朝前一趾朝后，捕鱼时形态与横斑渔鸮类似，一趾收回，变成两前两后。它先在水面上空飞行，调整高度以便更清晰地定位猎物，发现猎物后两翼折合，长爪伸出将鱼抓起，3次中大约有1次能成功。鹗的爪弯曲而锋利，趾下有粗糙的突起，黏滑的鱼也不容易逃走。

滑行式觅食最特殊，这类鸟数量稀少，仅有3个种。黑剪嘴鸥在水面滑行时伸长下颌伸入水中，沿着岸边寻找鱼和枪乌贼等猎物。一旦发现猎物，它敏捷地用喙抓起食物往上一抛，凌空叼住咽下去。喙上的角质鞘生长速度很快，以修补捕食时撕扯造成的磨损。这种捕食方式看起来非常消耗能量，所以黑剪嘴鸥平时飞行速度不快，它们充分利用水面的上升气流盘旋，而且选择在夜间觅食，此时鱼和枪乌贼喜欢浮到水面。

美洲蛇鹈的觅食方式也非比寻常。它游泳时只有头部和细长

黑剪嘴鸥正在捕食。

的颈露在水面外，所以叫蛇鹈。蛇鹈尾部的油脂腺（能产生油脂涂在羽毛上防水）形同虚设，游泳时羽毛沾湿的程度是其他水生鸟类的三倍。它善于潜水，颈部灵活，能把鱼叼住、甩到空中再吞下去。

8. 滤水型鸟类

红鹳又叫火烈鸟，说到它我总想起《爱丽丝漫游仙境》（*Alice's Adventures in Wonderland*）里的红桃皇后用它做槌球棒。它的颌的结构更特殊，长着一排排锯齿和细毛，用来过滤水中的微生物。觅食时红鹳把头浸入水中，嘴倒转，下喙推着上喙。它的舌很厚，每秒能前后移动 4 次，像水泵一样把微生物留在嘴里，把多余的水从嘴角压出。边吃边吐的样子太不卫生，很难想象有鸟这么进食。红鹳腿部、脸和羽毛的粉色来源于它们食用的端足动物和微生物中所含的类胡萝卜素。类胡萝卜素最初只储存在外皮（即皮肤和羽毛等），溶解进脂肪分子以后，就变成红色了。跟龙虾被烹煮的时候变色是一个道理。

淡水中觅食的鸭漂浮时头浸入水中，臀部高高抬起，用喙两侧的板状结构过滤水底的种子和小型生物。琵嘴鸭喙上的角质鞘演化得尤其发达，末端甚至长出嘴须，过滤能力极佳。它与绿头鸭、绿眉鸭等淡水鸭的区别在于，它可以过滤水面上的食物。它勺型的嘴使它又被称为好莱坞绿头鸭、微笑绿头鸭、达菲鸭、黛丝鸭和小勺子。

9. 食腐鸟类

时不时意外充当清洁工的鸟类并不少，如白头海雕、鸥、鸠鸽、鸦科等的一些鸟类，但专门食腐肉的却是最有趣的。尽管这个特点也让鸟类观察者难以爱上它们。许多人以为鹫在上空盘旋是因为下面有尸体，但若是地上真有死去的动物，它就不会只在天上盘旋、垂涎三尺，而是直接落在地上开启饕餮盛宴了。鹫在

天上盘旋是因为风向风力正合适，不用拍打翅膀就能在空中长时间停留来搜寻尸体。下次再看见鹫盘旋，你就可以叫出这个状态的正确说法——"盘旋"（kettle），因为它们像是盘子里均匀搅动的汤匙一样不停地画圈。

美洲鹫属于美洲鹫科，这个词源于希腊语 *skathairein*，意为清洁、净化。之所以这么命名，可能是因为它能处理环境中的尸体，也可能是因为有捕食者靠近时，它们会把胃里的东西吐出来减轻重量以便起飞。无论是出于哪个理由，它们食腐肉是事实，而腐肉易滋生细菌。为了抵御细菌感染，美洲鹫的胃酸浓度很高，能杀死病原体。它们是站着排泄，流到脚上的排泄物既杀菌又给身体降温，在高温天气尤为有效。美洲鹫头部没有羽毛覆盖，降低了清洁难度，而且阳光直接照射裸露的皮肤上可以杀菌。多数美洲鹫嗅觉超群，能够闻到腐化的尸体散发的乙硫醇。有这个机能自然十分便于生存，但是嗅觉没那么灵敏的黑头美洲鹫又如何觅食呢？原来黑头美洲鹫选择跟着红头美洲鹫，在后者觅食时飞在它们上方。它还捕食哺乳动物的幼崽及受伤的动物。

虽然美洲鹫（源于美洲）和鹰科里的鹫（源于亚非欧）外形和行为都相似，两者却不是近缘种。鹰科里的鹫的嗅觉不太好，这是其中一个明显区别。非洲白背兀鹫依靠视觉觅食，所以每天需要飞很远，常跟着有蹄动物群。有超出 80% 的时间，它们会加入其他已经在进食的兀鹫群，分吃一块大的腐肉。你很可能在自然类的节目里见过一大群兀鹫围着腐肉分食，分食很容易"吵架"，所以兀鹫群演化出了等级结构，每个级别有固定的行为，以减少不必要的争斗。大型有蹄动物常常死于饥饿或疾病。虽然兀鹫的羽毛可能沾了细菌并将其传播到别处，但兀鹫直接消耗腐肉，彻底消灭了环境中携带病原的尸体，阻碍了疾病散播。

因食物遭到污染，全球的鹫和神鹫的生存都遭到威胁。子弹中的重金属铅、杀虫剂、农药留在被人类猎杀的动物体内，腐化后又被鹫吃下去。印度的白背兀鹫就是因为这个原因大规模悲惨地死去，在20世纪80年代，其数量还上千万，如今只剩不到几千只。罪魁祸首是双氯芬酸，这是一种牛用的抗炎药，但对鹫却是有毒的。在印度，牛主要用来提供牛乳，人类并不食用牛肉，当地最主要的牛尸体处理方式就是将它们留给鹫。几百万头牛死后，腐肉全由鹫消耗。就算它们再勇猛、适应性再强，也抵挡不住双氯芬酸这种导致肾衰竭的毒药。

我们平时看到野生鸟类时，它们几乎总在寻找、处理、进食、搬运食物。别的事情——防御领地、求偶、筑巢、哺育雏鸟，失败了还可以重来，但如果无法成功找到食物，该个体就无法繁殖，它的基因也就会从基因库中消失。鸟类的日常习惯受喙形和觅食

西域兀鹫属于鹰科里的鹫，分布在地中海至中东和亚洲地区。

行为限制，这些习惯让我们了解了这个会飞行的物种。再到鸟类喂食器边上时，别忘了欣赏大自然演化的神奇力量，从演化中逐渐定型的喙和进食习惯使鸟类能积累能量以进行其他活动，这是它生存的根本。

二、能看见紫外线吗？
——鸟类的感官

> 鸟的眼睛如果长在侧边，即头的两侧，则双眼有不同功能。比如家禽的雏鸟刚出生一天左右时，用右眼进行取食等近距离活动，用左眼进行观察捕食者等远距离活动。
>
> —— 蒂姆·伯克黑德（Tim Birkhead），
> 《鸟的感官》（*What It's Like to Be a Bird*）

　　人总在处理来自周围环境的信息，主要是视觉和听觉信号，但是只有刺激达到一定频率、波长和音量，人的感官才能精确捕捉到，比如在闹市过马路、打网球时的环境就符合这个范围。但鸟不同，鸟类似乎无时无刻不在精确感知着周围环境。你有没有试过偷偷从背后接近朋友以便能吓唬他？但是想悄悄接近一只野生鸟类却几乎不可能，鸟类似乎比人对环境更敏感。因为，人漏听漏看或者误读了周围的信号不会有什么影响，但鸟却很可能因此毙命。

　　鸟的感觉器官工作原理跟人的基本一样，只不过性能更高、更灵敏，所以它们能感知沙土下的端足动物，能看见紫外线，能判别方向而顺利穿越海洋。越研究越发现，鸟类的感官不可思议。

1. 感觉与智能

　　我们骂人的时候喜欢说"鸡脑子"，表示对方很笨，像鸡一样，其实这个说法一点也不恰当。我刚开始读鸟类学硕士时，我们一群未来的动物学家都认为哺乳动物比鸟类更聪明，因为哺乳动物大脑的皮质更多（大脑皮质控制感觉和行为），而鸟类的小脑（控制精细运动）更大。根据这个逻辑推断，哺乳动物擅长学习不擅长运动，鸟类活动全靠直觉，但是更灵活。这个结论基本是错的。鸟类的认知能力、社交行为和优秀的图像识别能力使它远比人类想象的聪明得多，尤其是鸦科、鹦鹉科等类群。

　　和人类一样，鸟类也是先感知，再判断采取什么反应。鸟类学家、行为学家和神经学家仍未完全了解先天与后天是如何相互影响的。但可以确定的是，习得性行为（如挑选食物），以及先天性行为（如逃跑，当然这类行为也会受到习得性行为的影响），都是基于感官提供信息，大脑进一步处理后产生的。幼鸟不经过学习就不知道该防范什么。它们可能会在学习过程中条件反射地抓住所有虫子，直到吃到有毒的虫子，味蕾受到强烈刺激；刚学会飞行的雏鸟看到树叶飘落也会被吓到，以为是捕食者。

会使用工具的鸟类共 33 个科。有些鸦、莺、雀和啄木鸟会用树枝把树皮里的昆虫幼虫撬出来，白兀鹫会用石头砸开鸵鸟蛋，鸦会把核桃扔在路上等着路过的车把它压开。20 世纪初时有一桩趣事，英格兰的青山雀把送到每家门口的牛奶瓶顶部的奶皮偷喝掉。于是制造商用铝箔把奶瓶封起来，但是青山雀竟学会了在上面戳个洞继续偷喝。这个行为有天生的成分，但后天练习让它们更熟练。鸟类已经演化了 1.5 亿年，随着环境变化，它们不断吸收新技能，再遗传给下一代。

鸟类眼里的世界跟人类看到的可能不一样，不便随意揣测。在已知人类如何接收外来信息的前提下，朋友之间尚且常常存在误解，我们要理解鸟类的视野就更难了。北半球处在冬季时，在巴西玛瑙斯市——位于黑河汇入亚马孙河的河流交汇处，成千上万只紫崖燕夜晚飞到和雨林一水之隔的炼油厂里栖息。炼油厂的蒸汽、灯光和管道里的噪音与鸟鸣交杂在一起。紫崖燕不觉得这里太亮、太吵吗？它们为什么要特意飞过来？是因为这里离捕食者远吗？要理解鸟类的行为，我们先得弄清世界在它们眼里是什么样的。

炼油厂管道散发的热气可能有利于紫崖燕生存，热量可以杀死螨，
这样就避免了螨身上寄生的单细胞生物使崖燕感染。

2. 鸟类的视觉

"鹰眼"（eagle-eye）已经被固定用来形容卓越的视觉能力。
总体来说，鸟类的视觉都很优秀，这也难怪，它们得起飞、捕猎、
躲避障碍物、逃离捕食者、降落，甚至连四处跳跳都需要敏锐的
视觉。视觉能力对鸟类至关重要，不仅因为它们好动，而且因为
鸟类之间的沟通大多是依靠视觉信号：鸟类以此来区分同种和异

种鸟，对求偶炫耀做出反应，辨别领域边界，理解竖起羽冠、警戒鸣叫和其他警戒信号，等等。有些动物的视觉不是顶尖的，但可以用其他能力来弥补。而鸟类能够成功适应环境，则基本依靠敏锐的视觉，所以相比于其他动物，鸟类擅长利用充满视觉障碍的栖息地。

眼睛的尺寸、形状和颜色

视力是鸟类赖以生存的技能，所以鸟类演化出了大眼睛，特别是那些体型大的鸟类更是如此。鸢、鸮和其他非鸣禽鸟的头骨里的空间由脑和眼睛共享，所以脑越小眼睛越大。鸮的眼睛可能占到了总体重的百分之五。有些观察者认为，鸮特殊的脸型[①]就是对眼睛的巨大尺寸的适应的结果，而且它的两只眼睛几乎挨在了一起。鸵鸟的眼睛是陆生动物里最大的，宽2英寸，跟脑几乎一样重。鸣禽的眼睛相对较小是因为它们整体体形偏小，与脑部尺寸无关，即便如此，鸣禽眼睛与脑的相对比例依然比人的要大。紫翅椋鸟的眼睛占头部重量的15%，人的眼睛只占头骨和内容物总重量的1%。眼睛越大接收的光线越多，所以夜行鸟类一般眼睛较大，如一些滨鸟、鸮和夜鹰。飞行速度较快的隼、雨燕和燕的眼睛也较大，它们需要敏锐的视觉以躲避障碍物。

[①] 只有鸮形目的鸟有面盘，其他鸟没有平的脸。——译者注

对视力要求没那么高的雀、鹑和鸠鸽的眼球是"扁平"的，即眼球的宽度比眼球的纵深要大。这样的结构是为了同时照顾到采光和广角，但投射在视网膜上的图像就会很小，清晰度也就没那么高。鸷、大部分雕、隼以及部分鸣禽的眼球是近球形的，视野范围相对较窄，但视网膜因此可以接收更多光线，因而更灵敏。鸮和部分雕的眼球是筒状的，适合聚焦直视正前方，而由于很少或根本看不见其他方向的物体，所以它们飞行时通常保持高度不变。鸮横穿马路的时候经常与车撞上，部分原因就在于它直视的视线。有研究显示，美国仓鸮死亡的首要原因就是在路上被车撞死。

与其他脊椎动物相比，鸟类眼睛的晶状体形状最丰富，适应性也最强（指变化形状以调整焦距的能力）。所有鸟类的眼部都有一圈小型骨片覆网状排列的结构，叫巩膜环（巩膜的英文 sclerotic 来源于希腊语 *skleros*，意为"坚固"）。视线聚焦时，强健的睫状肌改变晶状体的形状，而巩膜环则维持眼部形状不变。鸮的巩膜环的结构类似于一个圆柱体包围着眼部，维持柱状的同时限制眼部活动。

鸟类虹膜的颜色更是丰富，远远超过人类，也许是因为虹膜的颜色标志着鸟的种属、年龄和性别。蓝头黑鹂雌鸟眼睛是黑色的，雄鸟眼睛是黄色的。由于雌鸟的羽色比雄鸟暗一个色调，性别极容易区分，因此推测雄性的黄色眼睛是为了吸引雌性。棕胁

仓鸮的眼睛感光度比人眼高一倍。

唧鸮眼睛是白色的，而斑唧鸮眼睛是红色的，在两个物种分布重叠的区域，瞳色可能就是区分这两个物种的最重要特征。腹纹鹰和库氏鹰的雏鸟眼睛是灰色的，亚成鸟眼睛是黄色的，成鸟眼睛是橙色的，而再大一点的成鸟眼睛是红色的，由此推测它们的瞳

色可能与维持种群内部的等级结构有关。

视野范围

人抬头看前方时通常看到的是正前方的环境（但是人很少抬头，总是埋头于手里的电子世界），但拥有超宽视角的鸟类，感受到的环境是全方位环绕的，再加上频繁转动头部，鸟类简直什么都能看见。

人类的双眼视野范围大约160度，无论什么时候人看到的都是这样宽的环境。鸣禽的双眼长在头部两侧，看到的几乎是全景（除了正后方）。在它们的视野里，正前方约20～30度宽的范围是双眼视野，有纵深感；除此之外的范围都是单眼视野，没有纵深感，但是足以捕捉到捕食者的身影。雁鸭类，如绿头鸭几乎能看360度的范围，正前方双眼视野不算宽，正后方有一点盲区。小丘鹬则拥有完整的360度视角，包括正前方狭窄的双眼区和头的正后方，因为它们频繁地低头看地面，弥补了任何可能的盲区。

鸟类的眼球几乎不能转动，全靠转动脖子查看四周。你每次看见鸟它们大概都在伸长脖子上下左右地转动头部。人类的头部最多可以转160度，超过这个范围，肌肉和脊柱就会压迫血管，导致血液流通不畅、大脑缺氧，所以视野就限制在这个范围。鸮就没有这样的困扰，它们正视前方时双眼视野70度，左右再各延伸出30度的单眼视野，它们颈椎有一些大的孔洞，动脉有足够的空间在里面转动，所以鸮的头最多能转动270度，自由查看周围情况。

鸟类灵活的颈部弥补了眼睛活动的局限，但它们的眼睛也不是一点儿不能动。鸠鸽的双眼必须同步转动，即如果一只眼睛转到面向前方，则另一只也会，这很容易理解。据说大部分鸟类的眼睛都是这样动的（仅是推断，目前尚无足够实验证明）。但是斑胸草雀却相反：一只眼睛向前看向喙的方向的时候，另一只朝相反的方向转向脑后并移动相同的距离。它的大脑怎么处理两幅截然不同的图像？原来，刺激（食物或另一只斑胸草雀等）来自哪个方位，那一侧的眼睛就转向刺激来源，同时另一只眼睛转向相反方向。理论上这样能保证斑胸草雀既查看了吸引物，又继续

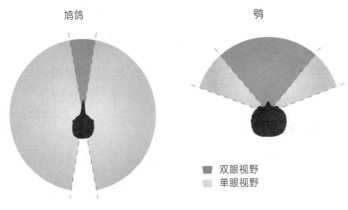

鸠鸽　　　　　　　　　鸮

■ 双眼视野
■ 单眼视野

鸠鸽和鸮视野范围示意图

防范捕食者。

一般人认为，双眼视野宽才能保证飞行，比如几维的双眼视野只有10度，它刚好不会飞，这似乎支持了这个观点。其实，大多数鸟的双眼视野都只有15～30度宽。丘鹬能在密林里急速穿行；过滤型进食的雁鸭能在湿地里迂回前进，在植被茂盛的地方筑巢，但它们的双眼视野比几维的还窄。它们靠比对双眼看到的图像来弥补这一问题。比如，如果左眼看到的一截树枝比右眼看到的移动得快，就能判断出树枝在左边，而且自己正在向左移动，就可以稍微向右调整飞行方向。

我们不妨来做个小实验：伸出一只胳膊，手放在正前方，这时能清晰地看见手；把手慢慢向一边移动，眼睛保持直视，慢慢地就看不清手了，最后会完全看不见。人的视网膜中央有一个由高密度的感觉细胞组成的视凹，决定视觉的敏锐度。手往旁边移动的过程中，落在视凹上的光线减少，手的成像就逐渐模糊。鸟类视网膜底部的视凹十分发达，约50%的种属，尤其是对视觉要求比较高的种属，有两个视凹，一个跟人一样朝向前，另一个朝向旁边。所以鸟类一直同时朝前和朝旁边看，捕猎时这点尤为重要。多数滨鸟的视凹成带状，视线聚焦在一条带上，适合观察水平的地平线。夜行鸟类和在黄昏活动的鸟类，如鸮和蟆口鸱，则只有一个视凹。

闪光融合

鸟类飞行时，视野中的物体一闪而过。回想一下查理·卓别林（Charlie Chaplin）时代的无声电影，人物走路都不太自然。这是因为那时候摄像机每秒转 16 帧，人眼能够察觉到每两帧之间的间隙。现在摄像机每秒转 24 帧，电视播放则是每秒大约 30 帧。在这个速度下，人眼无法察觉每两帧之间的间隙，所以动作看上去是连贯的。这个界限叫闪光融合临界频率。我们开车时看见的物体是没有聚焦的，因为人脑没有演化出识别高速移动的图像的能力。但鸟类可以。研究（多数是基于鸠鸽和家鸡）表明，鸟类的闪光融合临界频率比人类高一倍还多。也就是说，如果给鸟类放电影，必须每秒转 100～120 帧，不然它们就能看出每两帧之间的间隙。再举个例子，人眼一般不能识别荧光灯的频闪，但是在室内环境下对家鸡进行实验时，研究人员发现家鸡能注意到荧光灯的每一次闪烁。人眼如果直视闪烁的灯光可能会头晕、眼花、恶心，但是家鸡一点不受影响。

鸟群在空中急速转弯的时候，看起来总感觉很优雅、协调，像跳芭蕾一样曼妙。但是如果把它们录下来慢速播放，不难发现它们其实很混乱，并不是一个有秩序的群体，更像一群乱撞的个体。鸟类为了适应飞行速度视觉已经演化到最优，它们能识别快速移动的物体和其他鸟类，所以能躲开周围的同伴，避免撞击。

眼部防护

飞行需要良好的视觉，但高速飞行时眼睛会跟空气产生摩擦。为了保护眼睛，鸟类在眼睑之外保留了瞬膜。这"第三眼睑"的作用是快速清洁、湿润眼球。很多鸟类和爬行动物的瞬膜与羽毛状的上皮连在一起，这种皮肤黏膜皱襞延伸出来的类似于羽毛的棍状结构，能够连同瞬膜运动起到清洁、刷洗角膜表面的作用。在飞行过程中，鸟类的眼睛暴露在较干的空气中，飞得越快受到的影响越大，所以保持瞬膜滋润就显得十分重要。啄木鸟在啄树干时的一些力学方面的问题也是通过瞬膜解决的。首先，瞬膜仿佛一个安全带，当它用1000倍重力敲击树干时，瞬膜能防止眼球过度凸出眼眶。其次，瞬膜能阻挡敲击树干产生的木屑和灰尘进到眼睛里。需要潜水觅食的鸟类，如潜鸟和鸬鹚等，它们的瞬膜还能防止咸的海水让眼球干涩。

辨别色彩和紫外线

鸟类显然能看见色彩，因为那么多鸟类的羽毛都五光十色，有微妙的蓝色、红色，有对比强烈的黑、黄撞色，有引人入胜的彩虹拼色，还有炫彩色。鸟类学家约翰·詹姆斯·奥杜邦（John James Audubon）用"身披闪光的彩虹羽衣"描绘蜂鸟，蜂鸟各种各样的颜色也可以从它们的英文名字看出来，天青蓝、宝石蓝、祖母绿，闪闪发光，绚烂多彩，多准确啊。在昆士兰的可伦宾野生动物保护区（Currumbin Wildlife Sanctuary），羽色鲜艳的鹦鹉每天都会在游客面前游荡两次，上百只鹦鹉，绿背、橙胸、蓝顶、黄尾，汇聚成一幅闪动的彩色拼图。我曾在西印度群岛特立尼达的卡罗尼沼泽（Caroni Swamp）泛舟旅行，船有点简陋：漏水，船楣已经腐烂，但我忽然抬头看见一树美洲红鹮，鲜艳的红色铺满枝头，每一只鸟儿都占据了各自独立的空间，我忍不住想起圣诞树上的装饰物。蜂鸟、鹦鹉和红鹮鲜艳的羽色显然不是为了取悦人类，那么它们究竟为何有这样的羽色呢？

听上去可能让人吃惊，但羽毛的颜色似乎是早期羽毛演化的主要推动力，下章会详细介绍。之前的观点认为，鸟类的羽毛是鳞片的变体，这是错误的。事实上，羽毛是那些将要演化成鸟类的恐龙身上的一种新结构。进一步的研究和鸟类化石证据显示，即使是最原始形式的羽毛也有颜色，而且有着不可或缺的装饰作用。演化到现在，色彩丰富的羽毛显然有着区分鸟种、鸟龄、雌雄，以及求偶、建立和维护领地等方面的用途。

鸟类的色彩识别依靠视网膜上的视杆细胞和视锥细胞，这些感觉细胞能把接收到的图像信息传递到视神经和脑部。视杆细胞能识别黑和白，夜行性鸟类视杆细胞丰富；而视锥细胞用来识别色彩。人有三种视锥细胞，用来识别红、绿、蓝三种颜色。鸟类也有视锥细胞，但它们的视锥细胞在光谱上分布得更均匀，所以

它们能看见更多的色彩。鸟类的视锥细胞上还有油滴沉积物，可以减弱强光对眼睛的刺激，起到偏光太阳镜的作用，进而提升眼睛对色彩的辨识度，锐化视觉。所以我们通过羽色命名的鸟名，如"红头蜡嘴鹀""粉红火烈鸟"，虽然可以正确描述鸟类，但没能全面地反映鸟的视觉。

除了红、绿、蓝三种颜色，鸟类还有第四种感光受体，可以接收紫外线（简称 UV）。与可见光相比，紫外线的波长更短，但频率和能量更高。一项对单色型鸟类（人无法辨别其性别）的研究中，科学家通过用设备测量 UV 反射率，发现在人类看来相同的鸟类中，有超过 90% 是性二型，也就是在鸟类看来雌雄个体并不一样。另一项研究也很有趣，人们通过人造模型来调查黄胸大鹏莺的领地防御行为。人们无法识别大鹏莺的性别，但模型反映出，大鹏莺的领地防御行为其实存在性别倾向性，它们对用雌鸟羽毛做的模型和用雄鸟羽毛做的模型反应不同。它们作出反应的唯一线索只可能是羽色的某种特性，比如 UV 反射率。

能感受紫外线就意味着鸟类不但能凭此认出其他个体，还能根据紫外线的反射量寻找食物。很多水果中都含有花色苷（anthocyanin），它既是一种色素同时也是一种抗氧化剂。水果成熟以后，花色苷的含量、水果的热量和 UV 反射率都会升高。演化中形成依靠鸟类散播种子这一机制的植物，浆果成熟后会通过 UV 提醒鸟类。一些捕食性鸟类也是通过 UV 找到猎物的。欧洲的

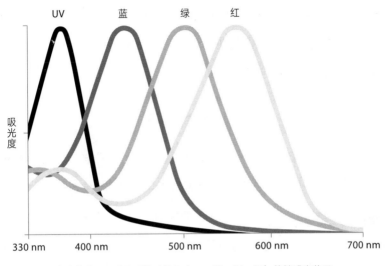

鸟类体内不同感光受体对颜色（UV，蓝，绿，红）的敏感度范围

田鼠是小型的啮齿类动物，在草丛中活动时用尿液标记道路。新鲜尿液的 UV 反射率比陈旧的尿液更高，因此红隼和毛脚鵟也就沿着新鲜的尿液痕迹找到了它们的猎物。欧洲一项研究比较了 98 种鸣禽的巢，发现洞巢鸟的卵比开放巢的卵 UV 反射率更高，推测这是为了方便成鸟看清自己的卵。

雏鸟数量多的蓝胸佛法僧利用 UV 反射率判断哪一只雏鸟最需要营养。蓝胸佛法僧是翠鸟近缘种，它们习惯在产出一个蛋后就开始孵化，不会等到所有蛋都生出来后才进行。孵化的不同步导致巢中雏鸟的体型大小不一。体型较大的雏鸟更有力量在竞争中赢得被哺育的机会，而体型较小的雏鸟得不到很多食物。数量为 1～3 只的小窝雏鸟的 UV 反射率区别不大，因为成鸟能确保照

顾到每一只新生雏。但如果雏鸟数量较多，体型较小的雏鸟皮肤通常会比体型较大更强壮的雏鸟反射更多 UV，这样一来，成鸟便能调整哺育计划，让最弱小的成员也有东西吃。

近视和远视

在水生环境觅食的鸟类面临着一些特殊的困难。大气和水的折射率（光在这两种介质中的传播速度）不同，在普通大气中视力正常的动物到了水中就变成"近视眼"了；相反，水生动物到了岸上会变成"远视眼"。只有极少数鸟类能从高空一头扎进水里直接潜水觅食。北鲣鸟就有这种能力，它在海洋上空飞行时通常能看清远处，入水后晶状体迅速改变形状，调整成适合看近处、在水里捕鱼的状态，这个过程只需要 0.1 秒。翠鸟每只眼睛的视网膜有两个视凹，远离中心、靠近喙的那个视凹用于从栖木入水前在空中观察水中的猎物，入水后则由靠近中心位置的视凹起作用，使它拥有双眼视野。美洲绿鹭觅食范围在浅水区域，它们会把树枝、昆虫或者花做成诱饵放在水面等着鱼上钩。由于大气和水的折射率不同，水面以上看到的鱼的位置与它实际的位置不一样，美洲绿鹭通过反复尝试和修正练习判断鱼在水下的位置。其眼上感光的视锥细胞上的油滴沉积物还能减弱水面反光。三色鹭则更干脆，觅食时张开翅膀遮住水面，直接消除阳光反射对判断猎物位置的干扰。

　　企鹅科的鸟类无论在水中还是岸上都看不清远处，但是它们的视力在这两处环境中也足够生存。在岸上它们不需要看得太远，而在水中由于有浮游生物，能见度不高，它们也无法看得很远。在水里时，企鹅看绿色、蓝色和紫色最清晰，但看不清红色，可能因为红光能量较低，无法传得很远。作为鸟类，企鹅理应能识别紫外线，但可能企鹅在水下辨别物体更多的是依赖对比度，而不是色相。

三色鹭展翼遮住水面以吸引水中的猎物。

3. 鸟类的听觉

与其他陆生脊椎动物相比，鸟类的听觉出类拔萃。昼行性鸟类的很多行为，如捕猎、防御、接收警戒鸣叫、与配偶交流、参与竞争、聆听雏鸟呼唤等，都需要依靠听觉，优异的听觉配合视觉让鸟类可以敏锐地掌握周围的动态。但是夜行鸟类更多地依赖听觉，即使它们夜视能力很好。

鸟类的耳朵结构和哺乳动物类似，有外耳、中耳和内耳，并通过鼓膜传导声音震动。哺乳动物有锤骨、砧骨和镫骨三块听骨，鸟类只有耳柱。当声波到达外耳，震动通过鼓膜传到耳柱，再传到耳蜗，耳蜗充满液体，形状微弯，里面有毛细胞和神经末梢。耳内毛细胞在振动的耳蜗液体中运动，将微弱的声音放大并转化成电流信号，通过听觉神经传递到脑部。随着年龄增长或经常暴露在噪音过大的环境中，人类耳内的毛细胞会受损或减少，造成听力逐渐下降；但鸟耳的毛细胞可以再生，听力终生不会衰退，这点对于依赖听觉的它们来说十分重要。科学家于 20 世纪 80 年代发现了鸟类身上的这个奥秘，此后一直致力于人类耳内毛细胞再生研究。

鸟类的外耳没有耳廓，即类似人类的外耳那样有肉包裹的软骨组织。除了鹫和鹳等少数头部没有毛发的物种外，我们一般观察不到鸟的耳孔。但如果你有机会，抓住鹦鹉对它的头侧轻轻吹

加州神鹫，眼睛后面的洞就是它的耳孔。

气，就能看到那个连着耳朵内部结构的耳孔。鸟类的这个耳孔和短短的外耳道被羽毛覆盖，这些羽毛能防止在飞行过程中风过量涌入，也能帮助收音。潜水觅食的鸟类耳部的羽毛还能对抗水压。鸵鸟及其近缘种不会飞行，保护耳部没那么重要，所以耳部只有薄薄一层羽毛覆盖着耳孔。鸮的"耳羽"其实只是两团毛球，并不能听见声音，但能反映鸮的情绪，它真正的耳朵是看不见的。

大部分鸟类双耳接收声音是同步的，因为两只耳朵与声源距离差不多，不会产生差异。仓鸮的脸盘较平，有把声音汇聚到耳部的作用。大部分鸟类通过转动头部确认声音来源，这点跟人类似。一些证据显示，离声源近的耳朵听到的声音更大、频率更高，鸟能根据两只耳朵听到声音的差别确认声源位置。有说法称，如果旅鸫和乌鸫头朝下在地面溜达，那就是在倾听猎物的动静——蠕虫和昆虫在它们的洞里或者垃圾下面爬动的声音。但实际上，它们不是通过听觉，而是在用一只眼睛寻找蠕虫的粪便或猎物的其他踪迹。

鸮的耳朵也有肉包裹的软骨组织，跟人差不多，但是鸮的两只耳朵外形和位置不对称，一只比另一只稍高些。我做鸟类相关的讲座时常在观众中选一个志愿者上台演示为什么鸮定位声源的能力比人类强。我会让志愿者闭上眼睛，绕着她走，在她身前、头上、身后三个位置打响指，让她告诉我声源方向。一般人很难猜对，因为我是在一个垂直于志愿者面部的平面上打响指的，声音传到双耳的频率和音量没有差异。而鸮高低不一致的耳朵却能让它们做到。

音量和频率

音量是衡量声音大小或者说强弱的单位。人正常交流的音量是 60 分贝，洗碗机是 80 分贝，25 英尺外行驶的摩托车是 90 分贝，耳语和沙沙的树叶响只有 20 分贝。耳力极佳的人最低能听到 −15 分贝的声音，而黄褐林鸮和长耳鸮能听见 −95 分贝。（看起来有些奇怪，但分贝跟气温一样，可以是负值。）

鸟类发声的器官叫鸣管。空气通过鸣管时会产生振动的声波，单位时间内振动的次数就是频率，也就是我们人脑识别的音调。频率的单位是赫兹，即每秒周期性变动或振动的次数。人耳能识别的声音频率范围在 20～20000 赫兹，分别相当于管风琴最低音量和狗哨的声音，但人耳对 1000～4000 赫兹最敏感。鸟类也对这个范围的声音最敏感，但不同物种之间区别很大。一般来说，人类的听力范围比大部分鸟类大。不同种类的鸟最灵敏的声音频率范围不同，这与它们自身能发出的声音频率密切相关。角百灵的听力最佳范围是 350～7600 赫兹，金丝雀是 1100～10000 赫兹，家麻雀 675～11500 赫兹，长耳鸮 100～18000 赫兹（鸟类里音域最广的）。此外，鸟比人对频率更敏感，同样的声音，人类只能每 0.05 秒识别出一个音节，鸟类能每 0.005 秒识别一个音节，所

以鸟类单位时间内听到的音节数量是人类的10倍。因此鸟类在嘈杂的环境中也很容易分辨出不同的声音：长嘴啄木鸟等啄木鸟能听见甲虫和蜜蜂幼虫在树皮下爬动的声音，乌林鸮能听见老鼠在13英寸厚的积雪下细细簌簌的声音。

在鸟类学课上，讲到鸟类的鸣唱和鸣叫时，我用声谱图分析了一段鸣唱录音给学生们看。然后我让学生们模仿这段鸣唱，并用声谱图的数据评价谁模仿得最像。有的模仿人耳听起来很像，但声谱图分析结果却显示相差很远。人声带的复杂程度远不及鸟的鸣管，人的听力也不像鸟类那么敏锐。欧柳莺的鸣声声谱图显示，它鸣唱时最高频率的音节出现在一段鸣唱的最开头，持续4~5秒后频率开始下降，每个音节大约持续0.2秒。

鸣唱、鸣叫及其功能

鸣唱是一种特殊的鸣声形式，通常结构复杂、相对较长、悦耳。物种数占全部鸟种大约56%的鸣禽（雀形目）鸣唱最为复杂。但也不是所有的鸣禽都会鸣唱，鸦、鹊和寒鸦都不能发出婉转的鸣声。有些博物学家喜欢从人的角度理解鸣唱，认为鸣唱的动机是快乐或者兴趣。我实在不愿意打破别人的解读，但是作为一个从事科学研究的人，我必须说，自然选择不倾向没有目的或价值的行为。认为鸣唱是基于情绪的观点存在三重疑问：1.通常只有雄性有鸣唱行为，难道雌性永远不开心吗？2.鸣唱通常只发生在繁殖季节，即求偶和交配期间，难道除此之外的时间鸟类都不开心吗？3.鸣唱会暴露个体的位置，不但雌鸟和其他雄性竞争者能听见，捕食者也能听见。如果在非繁殖季节，个体鸣唱就相当于大声告诉捕食者自己的位置，谁会特意这么做呢？这些例外的情况就包括欧亚鸲和旅鸫，它们在冬季（非繁殖季节）通过鸣唱维持领地。雌性小嘲鸫、主红雀和黑头白斑翅雀有跟雄性一样复杂的鸣唱，但通常也只在春天发生。

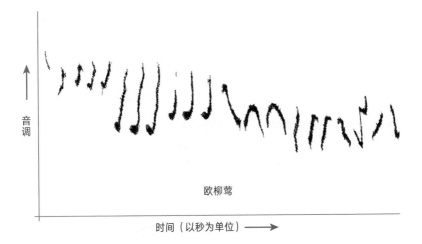

欧柳莺的鸣声声谱图，可以看出随着时间推移音调逐渐降低。

鸣叫指的是典型的短促、只有两三个音的叫声，可随时进行，无季节倾向。鸟类通过鸣叫互相警告、维持集群、沟通食物来源、威慑捕食者或通报位置等。鸣叫和鸣唱的种类多少取决于

该种鸟的分布范围、栖息地类型以及附近的鸟类，因为要避免鸣声混淆。渡鸦至少有 25 种鸣叫声，苍头燕雀有 1 种鸣唱和 10 种鸣叫，分别表示逃遁、社交、攻击、受伤，以及求偶（三种鸣叫）和提示危险（三种鸣叫）。苍头燕雀围攻捕食者时会发出一种低音，听上去像"清清清"；隐藏的时候会发出一种高音，听上去类似"惜——"，其他苍头燕雀听到了会藏起来。"清清清"声的音频低，不同时长（相同频率声音，震动时长稍有不同）区别大，容易被定位；相反，"惜——"声的音频高，时长也没什么差别，所以几乎没办法通过它确认个体位置。

鸣唱中的稀树草鹀

很多鸟类都有种内特异的警戒鸣叫。乌鸦的警戒鸣叫只能让其他乌鸦惊慌躲避。林岩鹨和欧亚鸲的雏鸟只有听到亲本发出的警戒鸣叫才停止乞求食物，在巢里老实地趴下。若是不区分种群、听见警告就反应，会耽误雏鸟进食。但鸟类对其他鸟类的警戒鸣叫也不是无动于衷，听到像或不像自己类群的警戒鸣叫，它们都可能做出反应。明尼苏达州自然资源部在宣传册上加粗强调"鸥的呼救信号只针对本种和本地区"，这是错误的。大黑背鸥和笑鸥对银鸥的警戒鸣叫也会做出反应。刚离巢的幼鸟尤其容易被捕食，它们得立刻学会听从哪种警告。澳大利亚的白眉丝刺莺雏鸟刚从巢中出飞时只听从成鸟的警戒鸣叫。但两周后它们也逐渐学会听从声音类似的华丽细尾鹩莺和声音截然不同的黄翅澳蜜鸟（吸蜜鸟的一种）的警戒鸣叫。但是如果雏鸟生存的地区没有吸蜜鸟，它们则不会对吸蜜鸟的鸣叫声录音做出反应。也就是说，通过学习，雏鸟能够对其他鸟类的鸣叫声做出恰当的响应。

成鸟和雏鸟甚至从孵出前就开始交流了。鹑的雏鸟还未破壳就能用叫声提醒雌性亲本调整蛋的角度，上下掉个个儿。这些雏鸟之间也能通过鸣叫沟通，越接近破壳的雏鸟叫声越缓慢，稍慢一步的雏鸟叫声轻快，雏鸟以此来同步出壳时间。绿头鸭雏鸟在还未破壳时，如果感觉一侧太冷或太热，就告诉雌性亲本翻卵给自己调整角度。雏鸟和成鸟通过叫声互相识别的能力似乎与其物

种的社群性有关。种群内互动越多，个体掌握这种沟通技能的必要性就越强。所以很多集群筑巢的鸟类，如海鸽、企鹅和石燕，雏鸟尚未离巢就能认出亲本的鸣声。集群的规模（大小、密度）和这种识别能力有关。不群居的鸟类则不表现出这种行为。

鸟类通常可以区分来自邻居、配偶和陌生个体的鸣声，有些种类的鸟甚至能具体区分到个体。白冠带鹀彼此间鸣声的差异，足以让它们彼此区分。它们只需要听见前 3 个音就能听出来，因为彼此音调不同。有些鸟类还展现出了不同程度的模仿能力，它们可以模仿其他物种的部分鸣唱片段，甚至是完整曲目。丛鸦、冠蓝鸦和暗冠蓝鸦能模拟红尾鵟，提醒其他鸟类，鵟在附近，或者把正在孵卵的亲本从巢里吓跑，然后自己进去吃掉它们的卵。小嘲鸫和其他嘲鸫科的鸟类模仿其他鸟类鸣声的能力很出名，雄鸟最多能模仿 200 多种声音，可能仅仅只是为了向雌鸟炫耀。

无声沟通

虽然鸟类沟通主要通过鸣声，不擅长发音的种类也演化出了其他发声方式。几维在烦躁时会使劲儿踩脚；船嘴鹭、鹳和信天翁会用力拍打上下喙发出咔哒咔哒的声音；披肩榛鸡能像击鼓一样拍打翅膀。雄性美洲夜鹰想吸引雌鸟时，在空中不停俯冲、再展翅起飞，让羽毛像木管乐器的哨片一样在风中小幅振动，发出

"哺哺"的声音。所以这种鸟以前叫"牛蝙蝠"，因为它们飞行时的形态像蝙蝠，而翼的轰鸣声又像牛。雄性蜂鸟俯冲时展开的尾羽随风抖动，发出尖锐轻快的声音。不同种蜂鸟发出的音质有区别。

啄木鸟既能鸣叫，同时也会敲击一切能发声的东西，比如枯树、篱笆信箱、房屋、信号灯、电线杆等，以宣示自己的存在。不同种的啄木鸟敲击时有不同的节奏和韵律，我观察过普通扑动䴕敲击金属的输电塔，那声音很喧闹。雄鸟和雌鸟都通过这种方式沟通、建立领地等，且雄鸟表现得更频繁。

现有研究表明，有16种鸟类还有一项绝技：回音定位，即发出尖锐的高音，通过回音判断目标的方向和距离，其中比较著名的包括爪哇金丝燕、大金丝燕和油鸱。亚洲有一种在洞穴筑巢的雨燕以它们的"燕窝"著称。雨燕唾液粘成的鸟巢，在水里融化后形成明胶，就是燕窝。在中国，燕窝的售价昂贵，约每千克2500美元。雨燕以飞虫为食，主要靠视觉捕食，但在黑暗的洞穴筑巢，演化出了回音定位能力。雨燕与蝙蝠不同，雨燕发出的轻击声人耳可以听到，洞穴内的其他鸟类也能听见。油鸱属于一类全球分布的特殊类群（夜鹰目），这一类群还包括夜鹰、林鸱、美洲夜鹰等多种。南美洲北部的油鸱名字源于委内瑞拉土著的传统：当地人喜欢用油鸱雏鸟的油做饭。和雨燕一样，油鸱也是一种在洞穴中集群筑巢的鸟类，晚上离开洞穴寻觅果实（唯一食果

红腹啄木鸟的敲击形式单一，每秒 19 拍。虽然它是以腹部的一抹红棕色得名，但这个位置一般不容易观察到。

的夜行性鸟类），通过人耳可以识别的回音来定位；它也会发出刺耳的尖叫声，据推测是遇到干扰时在个体间进行沟通。在这些鸟类的耳部，并未观察到专门适用于接收回音的特殊结构。

4. 鸟类的嗅觉

此前多年，人们一直以为鸟类的嗅觉很弱，但近年来的研究显示，有些鸟类也通过嗅觉觅食、沟通和导航。鸟类的恐龙祖先显然嗅觉灵敏，因为它们的嗅球（脑部处理嗅觉信号的器官）尺寸巨大，约占大脑（脑组织中控制认知的部分）总体积的30%。现代鸟类平均嗅觉中枢占大脑的20%，只有少数物种（如几维）能达到30%。小型林居鸣禽的嗅球只占脑组织的3%，但一些海鸟可达到37%。对于依赖海洋生存的鸟类来说，嗅觉灵敏是必要的生存技能。我有过几次远洋观鸟经历，分别是从加利福尼亚州、康涅狄格州和新西兰出发，为期一天，能够观察到很多平时看不到的海鸟。有一次我带着苏打饼干、晕船药和有防抖功能的双筒望远镜出海，前一两个小时什么特别的也没看见，随着海岸线逐渐消失，鸟导游开始从气窗往外抛撒奶油爆米花，鸟几乎是立刻就来了。信天翁显然从12英里外就能闻到食物的味道。我还听说，黑脚信天翁能从20英里外顺着它闻到的烤培根味一路飞来。

嗅觉也能帮助海鸟导航、辨别方向、辨认物体。有一种小海鸟——白腰叉尾海燕，全年大部分时间都在海上游荡，只有繁殖的时候回到岸上。它用喙和爪挖洞，在每个洞里下一个蛋，孵化42天。孵化后亲本去海上觅食，为了躲避捕食者，夜晚才回到洞里，将胃里的食物倒嚼出来，放进嗷嗷待哺的雏鸟嘴里。要从上

百个洞里准确找到自己的雏鸟，亲本通常顺风飞行接近群巢地，再逆风飞行探察雏鸟的气味。基于锯鹱和黄蹼洋海燕的实验表明，如果塞住成鸟的鼻孔，它们就无法辨别方向、找不到自己的雏鸟，这证明嗅觉对定位雏鸟很重要。被捕食风险较低的大型海鸟敢于白天回到巢穴，而不依赖嗅觉信号，实验中塞住这些鸟类的鼻孔不会影响它们回巢的方向感。

下次再到海边玩时你可以试着观察一下落在水面的鸟类，一般是鸥。它们时不时甩一下头，好像在打喷嚏。实际上，它们是把堵在外鼻孔的盐喷出去，外鼻孔是喙上的一处开口，跟人类的鼻孔类似。鸟类通过外鼻孔吸气来辨别气味。有些鸟类还有鼻腺，即位于眼眶里或眼眶上头的一处凹陷，能把吸入的海水里的盐过滤出去。鸥、燕鸥、滨鸟、部分雁鸭、所有远洋鸟类都有鼻腺。信天翁、海燕和鹱等管状鼻子的鸟类喙上有个管状结构，负责嗅闻并过滤咸水。科学家通过对几十只鹭和雕进行研究，发现它们也能通过鼻孔析出含盐溶液，但没有同体型的海鸟量大，这样做是为了将食物中的盐分排出，维持体内水分。

很多陆生鸟类可以辨别气味。我曾在加州北部山区一个野外实验站主持工作多年，其中一项非学术（我一点也不喜欢）的工作就是清理厨房外面的油脂分离器。步骤是打开装满了厨房下水的水泥坑，把最上层凝固了的油脂撇出来，倒在地上，等着晚上豪猪、丛林狼和其他动物把它吃掉。撇出来没多大一会儿，高山

皇信天翁的管状鼻子

山雀、灯草鹀、鸫和鸦鹊们就来了，我觉得恶心的烂泥一样的污水，它们吃得不亦乐乎。它们八成是循着气味找来的。

1826年，艺术家兼博物学家奥杜邦为了研究鹫有没有嗅觉，做了几个简单的实验。第一次他把一个装有人造眼睛的鹿的标本放在野外，鹫很快就发现了这头鹿并飞来把它撕碎了。第二次，他把腐烂的野猪肉块放在外面，一些没有遮挡，一些则用粗麻袋包了起来，结果鹫只发现了没有被盖起来的那些肉块。由此，奥杜邦判断鹫不具备嗅觉，只通过视觉觅食。直到20世纪60年代，

他的结论才被证明是错的。一位鸟类学家证实，红头美洲鹫可以通过气味找到腐肉，这种气味后来证明是腐肉散发出的乙硫醇。乙硫醇闻起来恶臭，但是无毒，较低浓度人就可以闻出来，所以一般跟煤气混在一起用来警示管道是否漏气。管道维修工人有更复杂精密的煤气泄漏探测方式，但是他们也会留意鹫，它在哪儿盘旋就说明哪儿在漏气。

几维是少数依靠嗅觉生存的陆生鸟类之一。几维夜晚活动，不会飞行，所以人们通常认为大尺寸的眼睛应该更利于它的生存。其实几维的眼睛和脑部的视觉中心已经退化，嗅觉反而很发达，

新西兰稀有的小斑几维，现在数量非常少。

属于退行演化。它也是唯一一种鼻孔位于喙尖的鸟类，这便于循着气味寻找食物，以及在土里挖蚯蚓时感知周围。几维一般在显眼的位置排泄，如圆木顶、树根上，其他几维遇见了会快速抽鼻子嗅，然后将喙转向天空，前后晃头，类似于哺乳动物对气味的反应。据此推测，几维的排泄物可以传递社会性信号，比如宣示领地。

寻找配偶

实验显示，海鸟能通过气味辨认个体，甚至能判断出亲缘关系，避免近亲繁殖。阿拉斯加大学一位博士生赫克托尔·道格拉斯（Hector Douglas）在研究白令海的凤头海雀时发现，凤头海雀雌雄双方都能产生一种橘子味的化学成分，繁殖季节浓度最高。该成分有驱虫作用，雌鸟喜欢橘子味最重的，即最健康的雄鸟。

密歇根州立大学的惠特克（D. J. Whittaker）教授和同事从加利福尼亚州两个不同的种群捕捉了一些灰蓝灯草鹀，一个种群来自城市环境，另一个种群生活在附近的山地区域。他们在相同的环境和饮食条件下将两个种群笼养了10个月。气相色谱分析显示，不同种群尾脂腺分泌的化学成分仍然不同，雌雄之间也有差异。由此可知，气味一定程度上是由基因决定的，配偶选择和种间隔离（不同物种之间不杂交）可能部分基于气味。

紫翅椋鸟喜欢用气味重的草本植物筑巢。它们花很长时间寻

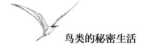

找合适的植物，而且似乎是依据气味，而不是形状。有绿色草药的鸟巢比没有草药的鸟巢细菌含量低，雏鸟也更健康（衡量标准是血细胞含量）。所以雌性椋鸟倾向选择鸟巢里有绿色草药的雄性，就一点也不意外了。

防御天敌

辨别捕食者气味的能力有助于鸟类生存。西班牙研究者做了一个实验，将黄鼬的气味散布在刚出生 8 天的青山雀巢中。录像记录表明，亲本觅食回来，在巢外徘徊很久才进巢。亲本并没有因为气味而减少回巢次数，但是亲本在巢里停留的时间有所减少，也相当于降低了遇到捕食者的风险。在大山雀睡觉时，将其暴露在掠食者的气味中，大山雀不会醒来，新陈代谢也没有变化。由此可见，它们的反捕食策略不是依靠嗅觉，而是在睡前栖于较高的树枝或洞穴里。

鸟类还可根据气味抵御捕食者。有一种类似鸥的海燕近缘种——暴雪鹱，经常跟着捕鱼船，它们的"呕吐因子"防御机制很有名。如果有捕食者接近，暴雪鹱能喷出高达 10 英尺的橙色液体糊住入侵者。这种液体有种烂鱼味，会黏在捕食者的羽毛上，降低捕食者羽毛的防水性，让它们不能继续飞。它的英文名字"fulmar"源于古挪威语，意为臭海鸥，十分形象。巨鹱也有类似的防御机制，受到威胁时能从腹中喷射出油脂。蓝胸佛法僧雏鸟受到惊吓时会反吐出一种恶臭的橙色液体，既让自己变得难吃又提醒可能回巢的亲本：捕食者在附近。琵嘴鸭、绿头鸭及欧绒鸭在捕食者（或者研究者）靠近受到惊吓时，会往自己的蛋上排泄。你以为它是想用排泄物的气味阻止捕食者吗？并不是，它只是慌张起飞时带出了粪便而已。

关于鸟类的亲本有一种常见的误解，认为它们如果嗅出有人摸过它们的巢、雏鸟或者蛋就会抛弃这个巢。我自己就听过、读过这样的说法不下几百次，我还看见一个自然中心的网站上写着"亲本会把人类摸过的雏鸟杀死"。多年来我一直在研究黑鹂、鹂鹟、八哥、鸬鹚、鸥和雁鸭，查过无数的鸟巢和鸟蛋。我爬过鹗的巢，把雏鸟取下称重、环志，有时候亲本就在我头顶上飞，还鸣叫抗议。但我从没见过哪个亲本因为我的行为而抛弃这窝雏鸟。亲本经历了产卵、孵化，特别是抚育，投入了那么多精力，不会仅仅因为有人碰过鸟巢就放弃一切。它们跟困境中的其他动物和人类一样，会坚持到最后一刻。这事关生存啊。

5. 鸟类的味觉

鸟类的口味可谓是见仁见智，食腐肉的和食果实的无疑不同，有的鸟类连不新鲜的水果都嫌弃，有的却爱吃辣胡椒。关于鸟类的味觉还有很多未解之谜。通过实验室研究可以获得一些知识，但在野生环境观察鸟类行为和它们所处的生态系统更有助于完善

我们对这个类群的认知。与其他脊椎动物相比，鸟类的味蕾偏少。鲶鱼有 100000 个味蕾，兔子有 17000 个，人有 10000 个，猫和蜥蜴有 500 个；而在鸟类当中，紫翅椋鸟有 200 个，鹌鹑有 62 个，灰雀有 46 个，家鸡只有 24 个。鸡的味蕾在舌头上的位置十分偏后，等它尝出味道，食物已经咽下去了。

大量案例证明，鸟类能尝出一些味道。稻农每年在鸟害防治和损失修复上要支出几百万美元。几十种招数都使尽了，立旗子、放噪音炮、拉电线、树围栏、用模型飞机甚至真飞机驱鸟。早年我有个学生把猎枪架在具有布质蒙皮机翼的双翼飞机上，从窗口射击黑鹂，毫不夸张。在把一侧的机翼射出个窟窿之后，他就转行了。有的化学试剂能把水稻变成鸟不喜欢的味道，但是它们或者成本更高，或者效果欠佳，或者对鸟有毒，或者对人有害。只有邻氨基苯甲酸甲酯效果尚且不错，被用于治理水稻、水果和玉米地的鸟害和高尔夫球场的加拿大黑雁。

自然学家林肯和简·布劳尔（Lincoln and Jane Brower）夫妇和他们的团队曾致力于研究植物化学防御。1971 年他们曾做过一个经典的实验证明鸟类会被反感的味道阻挠，实验中冠蓝鸦吞下一只黑脉金斑蝶后很快吐了出来。黑脉金斑蝶的幼虫以马利筋属的植物为食，同时吃下了马利筋中的白微甙。冠蓝鸦吞下幼虫会立刻尝到一种恶心的味道，它对这种味道强烈排斥，以至于以后再也不吃黑脉金斑蝶，甚至连外形类似的黑条拟斑蛱蝶也不碰。

最近的研究显示，黑条拟斑蛱蝶的幼虫以柳叶和杨木叶为食，在体内积累了水杨酸，即使不像黑脉金斑蝶，本身味道也让蓝鸦反感。或许两者互相模仿，结果两者都免于成为鸟类的食物。由此可见，鸟类可以尝出味道，并从这些经验中得到教训。

2004 年科学家破译了鸡的基因组序列，发现鸡缺乏品尝甜味的基因。另有十几种鸟类也是类似情况，所以应该不是个例。在糖水实验中，红翅黑鹂甚至没有选择淡糖水，而选择了清水。此外，鹦鹉、蜂鸟及其他以花蜜和果实为食的鸟类特别喜欢糖，虽然糖对于它们来说未必是甜味的。蜂鸟对溶液中的糖浓度很敏感，它们进食的时长取决于浓度高低，浓度越高，它们花费在进食上的时间越短。佛罗里达大学的道格拉斯·莱维（Douglas Levey）教授证明，热带的裸鼻雀能区分浓度分别为 8%、10% 和 12% 的糖溶液，而且喜欢浓度最高的一杯，但南美洲的娇鹟不能区分这些差异。原因在于，同样是吃果实，裸鼻雀把果子压碎了再吃，而阿拉里皮娇鹟等娇鹟科的鸟是整个吞下去，所以前者能尝到果实中的化学成分，后者不能或极少能。食物缺乏时长尾娇鹟可以将就吃未成熟的果实，但是吃得不多，仅够维持基本体重。不挑剔，有什么吃什么，不嫌弃营养价值低，即使味道不好也整个吞下，这是这些鸟类的生存机制。于是，别的鸟类不到弹尽粮绝不主动吃的果实也能成为它们的日常用食。

有毒的植物通常带有苦味，鸟类通过识别苦味避免食用它们。

比如鸟类通常不食用单宁含量高的食物，很多植物（尤其是橡树）以此作为防御机制。单宁降低了蛋白质的可消化性，浓度过高还有一定毒性。但是如果有栎实象甲的幼虫一类的食物补充蛋白质的来源，冠蓝鸦在越冬期就可以摄入大量橡子。南非有一种芦荟，其分泌的黑色花蜜带有苦味，专食花蜜的蜜蜂和太阳鸟都避开它，但鹎、绣眼鸟和鹛莺等鸟类毫不介意它的苦味。可见该种芦荟演化的结果是只允许少数鸟类传粉。不同鸟类对苦味的敏感度不同，这容易理解，但对白喉带鹀的最新研究显示，同一物种内不同个体间的差异可能也很大，因为它们的基因转录调控着18种不同的

食果实的阿拉里皮娇鹟，巴西东部特有的稀有物种，于1998年发现，相关信息不多。

苦味受体。

辣椒里含有辣椒素，吃过的人都知道那种感觉，辣椒素使哺乳动物感觉疼痛，疼痛受体可能产生从轻微到灼烧不同程度的痛感。辣椒素是一种刺激性很强的化学成分，只要 1%～2% 的浓度就可以驱熊，邮差用更低浓度（0.35%）的溶液驱犬。辣椒素无色无味，产生的唯一刺激就是疼痛。哺乳动物学会享用浓度介于 100～1000 ppm（百万分比浓度）的辣椒素，而鸟类缺乏辣椒素受体，它们可以忍受浓度高达 2000 ppm 的辣椒素。辣椒的这种演化策略保证自己不会被哺乳动物误食，因为哺乳动物的咀嚼和胃液会破坏种子，但大部分鸟类的消化系统能保证种子毫发无伤，之后种子随鸟类的排泄物传播到别处。

6. 鸟类的触觉

对哺乳动物的触觉我们有一定了解，但是鸟类对触摸刺激如何反应我们就不得而知了。鸟类全身都覆盖着没有触觉的羽毛，尽管羽毛根部的皮肤上存在感觉末梢。它们的脚上有鳞，喙上有光滑的角质鞘，这两处组织虽然也在生长，但看上去就对触摸不太敏感。鸟类有四种触觉感受器：海氏小体、格兰氏小体、温度感受器和痛觉感受器。

海氏小体是分布最广的触觉感受器，鸟类被羽毛覆盖的皮肤、喙、舌、腿和脚上都有。皮肤上的感受器与羽毛毛囊相连，当鸟

类感受到羽毛不整齐，就开始梳羽或者改变飞行姿态。滨鸟、鸭科鸟、几维、鹦鹉、鹬、琵鹭和杓鹬的喙上有大量海氏小体。喙在沙土中探索时会产生压力梯度，如果有蚌类或其他物体的存在阻断了水流，压力梯度将产生变化，鸟类就能通过海氏小体感知猎物的存在。海氏小体还能感知无脊椎动物在淤泥里的动态。鹬的喙尖端工作原理与滨鸟的类似，但鹬在水含量更高的水环境中觅食，海氏小体的密度更大，不仅能感知水里的猎物，还能探测到水底淤泥里的猎物。原鸽的海氏小体长约40毫米。解剖学、电

因为有海氏小体，杓鹬及其他滨鸟夜间和白天都可以觅食。海氏小体使它们有更多时间进食，能在夜晚躲避捕食者，并调整进食计划以适应潮汐变化的时间。

生理学和行为学研究证明，鸽子能通过这些神经末梢感知环境中的振动。感受这种振动的确切目的还有待确认，但可以确认的是，树枝颤动、捕食者飞过可能吵醒栖在树上的鸟。有的学者推测，鸟类能感知地震前的高频振动波，这是有可能的，但是这种感受振动的能力演化出来，不太可能是因为躲避地震。

格兰氏小体是在水生鸟类喙尖端发现的神经末梢，与海氏小体一样能感知喙尖端传来的振动。几维同时拥有两种小体。丘鹬、几维和鹬三个科的鸟类的格兰氏小体似乎是独立演化的，所以其他探入觅食型鸟类也许也有类似的器官，只是我们尚不清楚。

温度感受器由皮肤中的游离神经末梢组成，喙和舌上数量最多。冷觉感受器数量比温觉感受器多，羽下不同位置的皮肤对温度的敏感度也不同。原鸽背部的皮肤比翼和胸前的皮肤对热度更敏感，推测是因为背部比其他位置暴露在日照下的时间更长。腿和脚等未被羽毛覆盖的地方对冷热均不敏感。鸟的大脑里也有温度感受器，指导鸟类进行适当的生理或行为调整，以维持正常体温。

痛觉感受器指能感知疼痛或潜在疼痛的游离神经末梢。鸟的皮肤和喙上皆有分布，对强烈的机械外力、植物中的毒素等化学刺激、超过 $45°C$ 的气温等均很敏感。鸟类感受到伤害或潜在伤害时，会出现血压升高、心率加速、呼吸变快等变化。

　　随着科技进步，人对鸟类知觉的认识也在加深。20世纪80年代以来，我们逐渐了解到很多关于鸟类的事实：它们能看见UV，能不断再生听觉毛细胞以保证听力不退化，能通过压力变化感知到物体。它们尝不出味道所以不怕吃辣。未来我们还能发现什么更神奇的呢？

三、征服天空
——鸟类的飞行机理

　　靠近山峰或高耸的海滨峭壁时，鸟只要保持平衡就能长时间在空中翱翔。它利用的是气流的曲线：当风遇到山或峭壁等障碍物时，由于第一推动力，本来水平向前的气流被迫改变方向，变成向上的气流。一旦产生了向上的气流，鸟就可以停止鼓翼，只需保持双翼张开，下方的气流会源源不断地产生推动力托着它盘旋在空中。

——莱昂纳多·达·芬奇（Leonardo Da Vinci），
《鸟类飞行手稿》（*Flight, the Notebooks of Leonardo da Vinci*）

　　是鱼就要游，是鸟就要飞，歌里是这么唱的。鸟要是不会飞，估计现在世界上也不会剩多少只，起码不可能达到全球超过 1 万个种类。3.5 亿年前，会飞的昆虫出现后，昆虫的演化速度与种群数量迅速提升。2 亿年前，世界上唯一会飞的爬行动物——翼龙出现了，但是它的飞行能力仍是个谜。1.5 亿年前，鸟类出现了。

凭着轻盈的身形、发达的肌肉、坚固的骨架和神奇的羽毛，鸟类征服了天际。又过了1亿年后，蝙蝠终于出现了。

我每次透过厨房的窗户看外面的鸟，总在想，都是为了适应飞翔，它们却演化成了各式各样，太不可思议了。加州唧鹀总像老鼠一样在地上窜，偶尔才蹦跶上天。黑长尾霸鹟从一个树枝到另一个，然后再回来，跳来跳去不停歇；黄腰林莺在海棠树的枝杈上飞来飞去。鸦喜欢从红杉树尖上起飞，滑翔到旁边的红杉上。加州啄木鸟从一棵树的树干上振翅猛冲，落到另一棵树的树干上。燕子在低空中灵活地滑翔寻找昆虫，而高空的天鹅则优雅地扇动着翅膀，一路向南迁徙。即便鸟类的身形和羽毛的构成区别不大，飞行方式却千姿百态。

对于大部分鸟类来说，飞行是生存的基础。跟我们学小提琴、撑竿跳不一样，飞行不是后天经过多年刻苦练习学来的本事，而是鸟类的本能。有了这个能力，鸟类才能觅食、筑巢、躲避捕食者、逃离极端天气，才能探索和占据其他任何动物都无法利用的栖息地和生态位。鸟类是天空的主宰，除了南极腹地，它们无处不在。世界上现存的少数不能飞行的鸟类，它们的飞行能力是后来才丧失的。

人类对鸟类的飞行能力一直有极大兴趣。希腊神话中，伊卡洛斯（Icarus）乘着父亲代达罗斯（Daedalus）用蜡和羽毛造的翼飞行，因飞得太高太贴近太阳，双翼上的蜡被太阳融化，跌落水中丧生。神话中这对翼是一列列覆瓦状排列的羽毛，自内向外、从前到后越来越长，上面一侧微微弯曲，和鸟类的翅膀结构类似，可见当时的人对空气动力学已经有了一定的了解。15世纪时，莱昂纳多·达·芬奇推导出人类的手臂肌肉不足以扇动与身体比例适

17世纪的画作表现伊卡洛斯坠地。

配的翅膀，所以他设计了扑翼式飞机，用一系列滑轮提升驾驶者的力量。17世纪时，法国萨布勒（Sable）有一个锁匠，曾有次惊人的试飞。他做了一副四翼的翅膀，两前两后，左右对称，通过肩上一根杆子系在一起。他费了很大力气才扇动翅膀，让自己飞起来，越飞越高，飞到了屋顶上，又从屋顶滑翔到了河对岸。等到了百年前的20世纪，有几个想法新奇的发明家设计了一些机器，想依靠人手臂的力量扇动翅膀飞行。人的胸肌只占体重的百分之一，根本不足以扇动翅膀，所以这些机器都不太成功。一个中等体重的成年男性要想飞起来，至少需要22英尺长的翼展。这么长的翅膀分量也不轻，人完全无法驾驭。人类一直想靠人力飞行，尝试了成百上千次，其中有一些还算成功，比如1987年一位奥林匹克自行车冠军驾驶着代达罗斯号飞机持续飞行了37英里。

法国哲学家及滑翔机发明家路易·皮埃尔·穆亚尔（Louis Pierre Mouillard）在《空中帝国》（*Empire of the Air*，1881）一书中，在一篇描述鸟类飞行的文章中这样写道："我永远不会忘记第一次看见西域兀鹫飞行的情形。我震惊了一整天，别的什么都没法想。我之前对人类借风势飞行有过一些构想，此时西域兀鹫就在眼前，就是我构想的现实版。"莱特兄弟（Orville and Wilbur Wright）也观察过鸟类，尤其是兀鹫飞行时翅膀的运动轨迹，并仿照这些机制调整他们设计的飞行器，发明了世界上第一架有动力飞机"飞行者一号"，并于1903年成功试飞。虽然这次飞行很成功，人类仍未破解鸟类的飞行之谜。1905年纽约科学院发表了一篇很有娱乐精神但其实很尴尬的文章——《鸟类飞行原理》（*Priciples of Bird Flight*）。它的作者梅·克莱因（May Cline）写道："鸟类深吸一口气，让自己变得比空气更轻，于是就起飞了。有时候吸得太饱肺爆了，所以总能在林中地上看到一撮撮羽毛。"我们现在对空气动力学多少有些了解，知道实际并不是这样。

我有一次参观美国国家航空航天馆在弗吉尼亚的乌德沃尔哈齐中心（the Udvar-Hazy Center），那里展出了"发现者号"航天飞机，"康科德号"超音速战机，在广岛投下第一颗原子弹的"伊诺拉·盖伊号"轰炸机和一些其他种类的飞机。这些飞机各式各样，有单翼、双翼、直翼、弯翼，机头有针式和回勾式，机身有的纤长流畅、有的短小粗壮，但是都能飞。如果没有这些飞行器，人类还被限制在二维世界里，只能在地面和海面水平方向活动呢。

要理解鸟类的世界得具备点飞行知识。我曾花6个月的时间考了个飞行员驾照，开了几年小型飞机。后来我觉得，即使我有九条命，这几年也用掉八条了，剩下一条还是留着吧。通用航空并不安全，有人觉得有危险才刺激，跟跳伞、滑翔伞等极限运动差不多道理。我学开飞机不是为了追求刺激。我认为，作为一个鸟类学家，想教会学生鸟类如何飞行，自己得有飞行的亲身经历。这是怎样的体验呢？冒冷汗、腿打战、晕机恶心都是家常便饭。在空中熄火、俯冲、转60度的大弯，穿越强气流，在云层

中盲驾，没风的情况下硬着头皮垂直降落，经历完这些再看鸟儿飞行，我更感叹鸟生不易。再在狂风暴雨的时候观察一下鹅群是怎么降落的，你就懂我的意思了。那么，鸟是怎么做到这些的呢？

1. 适应飞行

生物体对环境做出的每一项适应都是演化的结果。能给个体带来优势的基因和染色体变化会被同化、保存、进一步发展提升，而这些变化通常是一点一点地进行的。上亿年的自然选择，让鸟类的骨骼、肌肉、生理和行为逐步演化，终于成就了这些身披羽毛的天空征服者。究竟哪些特征让鸟类能够翱翔天空？除了拥有机翼一样的羽毛，鸟类还要有轻盈的体重，以及充沛的力量与体能来鼓动翅膀。

骨骼：越轻越好

体重越轻越容易飞上天，飞行时能量代谢的负担也越小，而一切能够减少能量消耗的方式，都增加了生存的概率。世界上最大的可飞行鸟类是距今六百万年前的阿根廷巨鹰[1]，生活的地方相当于今天的阿根廷。这种鸟的翼展可达 21 英尺，体重超过

---

[1] 现在认为最大的可飞行鸟类是 *Pelagornis sandersi*，2014 年在美国发现了其化石。——译者注

即使是大红鹳这种看上去特别笨拙的鸟，也演化出了对飞行的适应特征。

150磅，是白头海雕的16倍。它虽然会飞，却并不常飞，每次起飞前要先下坡助跑一段，或者从很高的栖木上跳下，依靠气流才能在空中盘旋。所以巨鹰的飞行主要以滑翔为主。雄性灰颈鸨是现存最重的可飞行鸟类，体重可高达40磅[1]，但是它不太喜欢飞，更喜欢在地上走；受到威胁时它会奔跑躲避，如果无法甩掉威胁才选择飞上天，但是它太重了，基本飞不远。体重对持续飞行异常关键：体重越重，要带动身体需要的肌肉力量就越大，翼展就得越长，而这反过来增加了体重和对力量的要求。

为了减轻体重飞上天空，鸟类用喙替代了相对较重的牙齿，其他很多骨骼愈合在一起或完全消失。部分胸部椎骨愈合，个别骨骼消失，锁定背部支撑的飞翔肌。腰椎、荐椎及部分尾椎与骨

———————————
① 1磅≈0.45千克。——译者注

盆愈合形成愈合荐骨（synsacrum）[①]，加固背部骨骼，在飞行和着陆时获得支撑体重的坚实支架。剩下的尾椎与尾综骨愈合，尾综骨是一段较短的骨骼结构，上面覆盖着肌肉和皮肤，着生着尾羽。

鸟类的骨骼硬骨化严重，双翼的功能也仅限于提供动力，所以需要颈部灵活，靠头部转动完成日常行为，如喂食、进食、筑巢等。它们的颈部有13～25块颈椎，头部甚至可以低垂成U字形，有些鸟反应迟钝撞到窗户上，脖子好像折了一样垂下来，其实并没有受伤。相比之下，大部分哺乳动物颈部只有7块骨头，转动幅度并不大，但也有例外，比如长颈鹿的颈椎长达10英寸，就很灵活。

鸟类翅膀最外端相当于手部的骨骼已经退化或愈合，只余3根指骨，而大部分陆生脊椎动物有5根。指骨上着生初级飞羽，初级飞羽虽然不大，却能对飞行起到重要作用，鸟类的部分趾骨和腿骨已经退化或愈合。鸟类是踮着趾尖走路的，看上去膝盖朝后，其实那是跗趾骨，也就是拉长了的踝骨。为飞行提供主要动力的飞翔肌附着在胸骨腹侧的突起上，这个突起叫龙骨突。感恩节切火鸡时从火鸡胸侧下刀，把两块飞翔肌上白色的肉切下来以后就能看见龙骨突了。胸骨由叉骨支撑。飞翔肌向下扇动时胸腔受到挤压，这时叉骨弯曲，化解部分压力；飞翔肌向上扇动时胸

[①] 愈合荐骨由一部分胸椎、腰椎、荐椎和一些尾椎愈合而成，是鸟类（以及翼龙和一些恐龙）特有的，并且与宽大的骨盆（腰带）愈合成坚实有力的支架，以适应后肢、支撑体重，飞行时构成稳定的中轴。古生物学中亦作"愈合荐椎"。——译者注

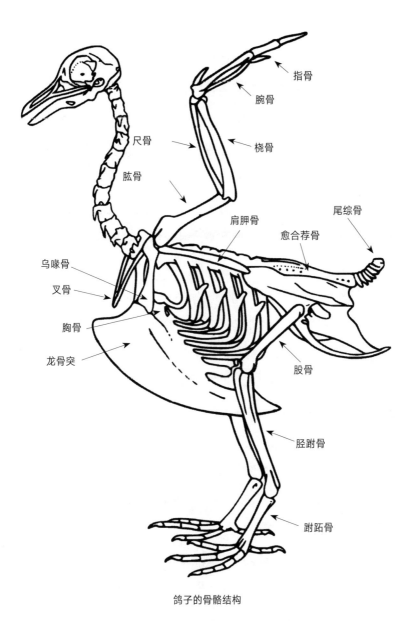

指骨

腕骨

尺骨

桡骨

肱骨

肩胛骨

愈合荐骨

尾综骨

乌喙骨

叉骨

胸骨

龙骨突

股骨

胫跗骨

跗跖骨

鸽子的骨骼结构

腔舒展，叉骨扩张，可以对提升双翅稍稍提供一点支撑。

你有没有捡到过刚死的鸟？麻雀大小的鸟类脱水后几乎完全没有重量。很多鸟类大部分的骨骼中空，内部有气囊和骨质小梁结构，类似桁架桥上的三角形结构。根据物理学原理，同样重量、材质的圆柱体，空心的比实心的更耐弯抗压，而内部支架则起到双重加固的作用。鸟类骨骼充气的程度因种而异：雕、鸮、天鹅和鹤的肱骨壁薄，而海鸟、潜鸟、企鹅及其他潜水觅食型鸟类的肱骨壁厚重，因为它们在水下游泳时要承受水的压力。骨骼的中空性、内部的梁结构、骨质的密度、骨架的形状，以及总数量的减少，这些共同构成了鸟类轻且坚固的"机身"。

鸟类内脏减少、生理结构随季节变化，也有助于减轻体重。雌鸟（也有例外，如几维）只在左侧有卵巢和输卵管，在非繁殖季明显缩小。雄鸟的精巢在非繁殖季时体积很小，筑巢季开始后可膨胀增重至先前的300倍，在繁殖季鸟类不需要迁徙，即使体重稍稍增加也不会威胁到生存。除鸵鸟外，鸟类的膀胱已退化至消失。液态的水会增加飞行时的重量，所以鸟类没有尿液，而是通过排泄无法溶解的白色膏状的尿酸来排除体内的含氮代谢废物，这种排泄物仅含有约5%的水。蜂鸟进食花蜜时会摄入大量水分，使体重上升。它们会通过呼吸系统（每分钟吸气呼气250次）排出部分水分，剩下的部分通过肾排出，因此蜂鸟的肾功能十分强大。一只蜂鸟，每天可以排出相当于自身体重两倍的水分。

肌肉和生理结构

想要飞行，光体重轻还不够。尽管鸟类可以借着风滑翔和翱翔，但这两种方式的飞行范围和时长都十分受限，而且如何起飞是首要难题。想要完全在空中生存，必须依靠肌肉的动力和一定的生理结构驱动。没有有效的驱动机制，高山雨燕怎么实现连续飞行 200 天不着陆的壮举？

鸟类飞行时有 45 块肌肉提供力量和控制方向，其中最重要的两块是胸肌。鸟类的胸骨上有两块肌肉，浅层的是较大的胸大肌，深层的是较小的上喙肌，又称胸小肌，单这两块就占了体重的 17%～30%。胸大肌拉动肱骨向下、向前扇翅，是前进的主要驱动方式。上喙肌通过肩部的肌腱上扬、收回翅膀，使双翅回到原来的位置。

鸟类的循环系统与哺乳动物类似，由四个腔的心脏提供主要动力。鸟类心脏约占体重的 1%，是哺乳动物的两倍。体型越小的鸟心脏占比越高，蜂鸟的心脏约占体重的 2%，而大型的火鸡只占不到 0.5%（这个比例是由弗兰克·哈特曼［Frank Hartman］估算出来的。他于 1955 年射杀并解剖了 291 个种的共 1340 只鸟，这种实验放到现在大概会引起非议）。与同体型的哺乳动物相比，鸟类的心脏每分钟供血量更大，心率也快得多。冠蓝鸦心跳 165 次每分钟，旅鸫 550 次每分钟，蓝翅鸭高达 1000 次每分钟，而有些种

类的蜂鸟甚至能到 1200 次每分钟。小型哺乳动物，例如小家鼠，心率较高，约 670 次每分钟，而人类只有 60～90 次每分钟。

从心率和心室收缩驱动血液循环的效率维度来衡量，鸟的心脏比哺乳动物的更高效。它们的心脏细胞更强健，吸收氧气效率也更高。鸟类的血压通常比哺乳动物高，鸠鸽的高低压分别约为 135/105，家鸡约为 180/160，老鼠、宠物狗和人的类似，都约为 120/70，豚鼠在没有外界刺激情况下约为 80/55。用于食肉的家养火鸡血压高达约 235/141，而笼养鸟之间发生争斗，可能会引起突发性心脏病或动脉爆裂。有一次我给一只主红雀佩戴脚环时，明显感觉到它心跳急促又强烈，结果脚环还没扣紧它就死了，大约就是心血管方面的原因。虽然野生鸟类可能也会有心脏病，但相比之下，心脏问题在笼养鸟中更为常见，因为它们简直是鸟界的"沙发土豆"，成天在鸟的"沙发"——栖木上吃着被投喂的垃圾食品。

高效的呼吸系统就是基于这个高效的循环系统。哺乳动物有一个横膈膜帮助肺部扩张和收缩来吸入和呼出气体。鸟类没有这个结构，肺部也不能移动。鸟的呼吸系统由肺和其伸出的 9 个通常外壁很薄的气囊组成。气囊占身体体积的 15%，相比之下，哺乳动物的肺只占身体体积的 7%。有些气囊伸入肱骨等骨骼的中空结构中，并填补皮肤和肌肉之间的区域。吸气时胸腔扩张，胸腔内的低气压将空气经由肺部引入气囊，呼气时再由肺部排出。持续的空气流动最大程度上缩短了富氧的新鲜空气与低氧、高二氧化碳的浊气混合的时间，而在哺乳动物的肺部，这种混合经常出现。很多水鸟从空中直接潜入水时气囊还起到缓冲作用以保护内脏，或作为浮力系统发挥作用。一些鸟类，如华丽军舰鸟、草原松鸡和艾草松鸡，甚至把气囊演化成了求偶工具。由于鸟类缺乏汗腺，呼吸系统还承担着为躯体散热、降温的作用。

有些鸟类飞行的海拔高度很高，尤其在迁徙途中，高效的呼吸系统为它们提供了充足的氧气。成年人每分钟呼吸 10～12 次，鸵鸟 5～6 次每分钟，鸠鸽 28 次每分钟，家麻雀 57 次每分钟，欧亚鸲 97 次每分钟。斑头雁最神奇，它在迁徙途中要飞越约 3 万英尺高的喜马拉雅山，而它演化出了与氧气结合能力非常强的血红

雄性华丽军舰鸟正在鼓起气囊向雌鸟炫耀。

蛋白，以保证在氧气浓度比海平面低 35% 的高海拔地区存活。需要更多氧气时，斑头雁的呼吸就变得更深、更迅速，它也会因此换气过度，但是不会像人类一样出现头晕的状况。

新陈代谢与能量供应

运动生理学家一直告诉我们，科学的锻炼计划能降低基础代谢率（又称静息代谢率）。但如果只是偶尔练一下，只会起到相反作用。鸟类无论是在长途飞行还是短距离飞过一片田地之后，静息代谢率都会下降，因为它们的新陈代谢机制演化得极其高效。虽然小型鸟类的基础代谢率比小型哺乳动物高 40%～70%，但基本活动以外的能量消耗却不比哺乳动物多。实际上，与大型哺乳动物的行走、跳跃、奔跑等活动相比，鸟类飞行对能量的利用效率更高。

我读本科的时候打过一份工，工作内容是打扫鸟笼子，把粪便和吃剩的食物分开，拿最低工资。雇用我的研究者把这些鸟抓回来是为了测量正在换羽的鸟类笼养能量消耗，测量项目包括活动量、进食量及排泄量。通过这些测量可以得到大致结果，但后来有了更精确的测量方式。在此项经典的（甚至可称为帅气的）实验中，万斯·塔克给鹦鹉戴上氧气面罩，训练它们在风道内飞行，将飞行速度与对应的氧气消耗量制成图，结果得到一个 U 字形曲线，说明中速飞行比高速、低速耗能都低，是最佳飞行速度。

20 世纪 70 年代以后，这个观点受到过质疑，但最近的研究又反过来支持这项研究的结论。

过去鸟类学家在实地观察时，每隔 10 秒钟记录一次鸟类行为，以此估计它们的时间和能量分配。按照这个方案，每分钟能得到 6 个数据，记录鸟类的觅食、飞行、栖息、睡觉、追逐和其他行为。5 个小时能得到 1800 个数据。这项工作漫长而乏味，但正是以这些数据为基础，结合实验室中有关鸟类所需能量的研究，我们才得以了解鸟类野外生存每天需要的能量。随着方法和技术的进步，现在可以在非笼养鸟的身上安装电子仪器追踪它的心跳和呼吸频率，鸟类学家进一步积累了大量有关飞行所需能量的数据。

能量需求与体型大小、翅膀形状、飞行方式和环境都有关。所以要估计鸟类进行某项活动消耗的能量，得先知道其基础代谢率，即在中性温度条件（无需额外消耗能量御寒或降温）下消耗的能量。举例来说，蜂鸟飞行需要的能量是其基础代谢率的 12～15 倍，所以它们以富含糖分的花蜜为食。约翰·维德勒（John Videler）教授的《鸟类飞行原理》（Avian Flight）中指出了鸟类飞行消耗能量率与基础代谢率的倍数关系，比如，家燕飞行消耗能量率是其基础代谢率的 5.1 倍，紫翅椋鸟的是 10.3 倍，原鸽的是 18.0 倍，红脚鲣鸟的是 2.7 倍，而漂泊信天翁的仅有 1.4 倍，飞行效率最高。

2.羽毛与翅膀的特化

鸟类的多种适应性特征都有利于飞行，但羽毛是重中之重。羽毛的成分是角白质（与喙、鳞、爪成分相同），所以又轻又软，还灵活强韧。羽毛是鸟类独特的结构，一点一点从简单基础的结构逐渐演化成现在的结构，也许重新演化一次都不会是现在的样子了。始祖鸟那覆盖羽毛的翅膀与现存鸟类很相似，它也一直被认为是爬行动物和现代鸟类的中间过渡形态。问题是，始祖鸟怎么使用翅膀？鼓翅飞行？滑翔？还是别的飞行方式？很少有科学家认识到，始祖鸟羽毛结构其实已经演化得比较完整了，该结构是在更原始的结构基础上，经过自然选择，以及几百万年演化才形成的。大多数鸟类学家都曾认同羽毛是从爬行动物的鳞片逐渐延伸、变平、变薄演化而来，我也一样。这个假设的依据是鳞片和羽毛成分相似，而且鸟类是从爬行动物演化而来的。随着恐龙，然后是哺乳动物和鸟类的演化，它们也演化出了恒温性（或者说温血特征），所以鳞片变长起到隔热的作用也就顺理成章了。

但是耶鲁大学的理查德·普鲁姆（Richard Prum）教授灵光一现，怀疑羽毛会不会另有起源。在许多甚至远在中国的同事和学生的帮助下，他收集到了足够多的证据，最终证明羽毛不是鳞片，而是独立演化来的新结构。首先，他意识到鳞片在演化过程中一直保持扁平的结构，而羽毛却从卷曲的管状逐渐展开，从这个线索出发得到了新的理论。最初的羽毛是黑色和棕色的类似绒毛的结构。长话短说，羽毛的产生似乎是为了视觉上的交流和展示炫耀，所以越来越长、越来越精致，顺便变得越来越有用，可以用于隔热（如绒羽）、滑翔，乃至最终叮以用于飞行。

鸟类因为有羽毛才能飞行，所以多年来人类给羽毛渲染了一层神秘的色彩，其实鸟同样需要遵守物理学规律。飞行所涉及的4种力分别是升力、重力、推力和阻力。双翅和尾产生升力对抗重力。向下扇动翅膀时，翅尖向前、向下运动，产生向前的推力，有点类似自由泳划水前进的原理。这个推力不但能驱动鸟类在天空中向前飞行，还能克服重力、产生升力，以抵消鸟在位移过程中与空气摩擦而产生的阻力。扬翅时的动作跟落翅正好相反，翅尖向上、向后运动，同时向里折叠，减小阻力。

在鸟类向前加速的过程中，推力与升力成正比，飞得越快升力越大。如果不是水平飞行而是要提升高度，比如起飞的时候，翅膀就需要换成倾斜向上的角度，这时迎面受到的气流越强，双翼抬升的角度也越大。这个角度被称作"迎角"[1]。迎角的角度过大反而会失去升力，使鸟在空中突然失去速度。这时指骨上的小翼羽会竖起，在翼上形成一个缝隙，使气流趋于平缓，这样即使迎角角度再大一些也不会忽然失控了。

升力和推力负责让鸟在空中移动，还有专门的正羽负责控制

---

[1] 在郑光美所著《鸟类学》中亦作"连接角"。——译者注

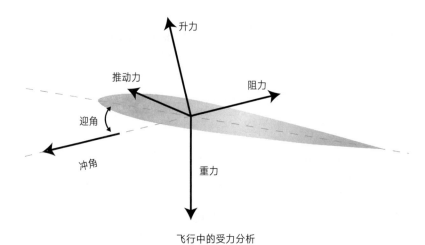

飞行中的受力分析

方向、减速、降落。每根正羽都由羽轴和两侧斜生平行的羽枝组成的有弹性的羽片构成。羽轴下段没有羽片的部分称为羽柄或羽根。这类羽毛的触感你可能不陌生，你可以用食指和拇指把羽枝拨开，把羽毛弄乱，然后从羽根顺着羽片方向快速捋上去，羽枝又能整齐地重新勾合，速度之快就像魔术贴一样。

不同位置的正羽有不同的飞行功能。初级飞羽构成外翼，着生在手部，有9～11枚，在飞行时产生推力。两侧的羽片大小不一，并不是对称结构，每片可以单独旋转，在彼此间形成水平缝隙，减少飞行时的阻力和湍流。正羽尖端的羽片存在空隙，进一步完善了这个功能。次级飞羽着生在前臂，对称生长，鸣禽有9～11枚，信天翁科的鸟有多达40枚。由于次级飞羽根部被一条韧带连接，所以这些次级飞羽同步移动，为鸟类提供升力或在降落时进行辅助。拇指骨上生有3～5根飞羽，这就是小翼羽，在遇到气流时小翼羽能支起，与翅膀主体之间形成缝隙，起到减小翅膀上方湍流的作用。

初级飞羽和次级飞羽的覆羽是非常重要的结构，是指位于翅膀边缘、蔽覆飞羽基部空隙的羽毛，覆羽能使翅膀表面形成锥形面，减小飞翔中的阻力。肩部的三级飞羽和肩羽填补翅膀上的空气动力学间隙，辅助提供升力。此外，鸟的全身，包括尾部都生有覆羽，都能填补间隙，使整体形成流线外形。

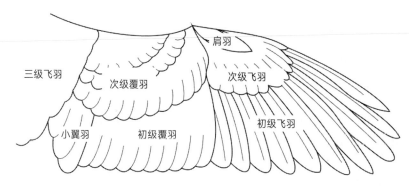

鸟类的翅膀及正羽类型

尾羽生在尾部的肌肉上，靠尾综骨支撑，可以展开、折叠、上下或左右移动，在飞行中控制上升、转向和减速。家猫和其他捕食者总以为可以利用视觉死角从背后袭击鸟类，结果总是只吃到一嘴鸟毛，鸟在受到惊吓时能褪下尾羽来分散捕食者的注意力。但是这样险中逃生以后，尾羽需要 6 周左右才能重生，在此期间鸟的生存将更加艰难。它们不得不飞得更快来弥补没有尾羽而损

失的升力，没有尾羽控制方向和速度，翅膀也得扇得更卖力。

羽毛的颜色也在飞行中举足轻重，这点更加令人惊讶。羽毛上的黑色素能产生棕色和黑色，增强翅膀尖端羽毛抵御空气湍流、空中悬浮颗粒，以及羽毛之间互相摩擦磨损的能力，并增强了羽毛抵御细菌侵蚀的能力。所以很多大型鸟类的翅膀尖端都是黑色或深色的（如雪雁、美洲鹈鹕、欧洲的白鹳，以及部分鸥类和燕鸥类），而有些翅膀完全是黑色的（如军舰鸟和海鸦）。

翼的形状

每次带人去野外徒步观鸟，我都建议参与者通过形状辨认种类，而不要依赖颜色。1934 年著名鸟类学家兼艺术家罗杰·托利·彼得森（Roger Tory Peterson）出版了一本鸟类野外图鉴，内封是一群鸟的剪影，有栖息状的、有飞翔状的，之所以选择这样的画就是因为外形是鸟类识别的关键，也因此后来的图鉴都采用了这种形式。整个轮廓中最重要的部分是双翼，尤其对于识别飞行中的鸟类来说。栖息地不同，生态位就不同，为满足不同的飞行方式，鸟类演化出各式各样的翅膀：短而宽的，长而窄的，中间尺寸、形状的，用于水下"飞行"的等。跟喙的演化类似，每种鸟都有与自己独特翼形相适应的独特的生活方式。不同的是，翼形多样性受物理运动原理的限制，就像各种各样的飞机，需要遵循一定的飞行原理。

从翅膀的长和宽两个维度就能了解它的飞行方式。翼长与翼宽的比率称为"展弦比"。体重与双翼面积的比率称为"翼负载";双翼所承担的重量越低,需要消耗的能量越少。翱翔型和滑翔型鸟类的展弦比高,翼负载低,所以起飞、滑翔、翱翔都几乎不消耗能量,鸣禽则不然。高山山雀和裸鼻雀展弦比低,无法产生足够的浮力,所以不能翱翔,滑翔距离也很短。大多数鸟翼可以归入以下四类:高展弦比型,高升力低展弦比型,高速型和椭圆型。

高展弦比型翼 该型翼很长,相对不宽,适合慢速飞行,多见于鹳、雕、军舰鸟、鹈鹕、信天翁和其他海鸟等以盘旋和翱翔为主的鸟类。它们的初级飞羽边缘呈较明显的锯齿状,翼端尖锐,能尽量减少飞行所引起的湍流,适应长时间翱翔,比如军舰鸟就能持续飞行一周不停歇。长翼还能起到类似走钢丝运动员手里的平衡杆的作用,让飞行更加稳定,不易受到气流颠簸影响。但另一方面,这种翼形机动性差。一般大型的拥有高展弦比型翼的鸟需要借助较高的栖木或风势才能飞起来;降落时则需要相对静止或无风的环境,否则很难停下来。"二战"时期太平洋群岛的军事人员给信天翁起了个绰号叫"大笨鸟",因为它们起飞和降落时动作古怪笨拙,非常不协调。

高升力低展弦比型翼 该型翼翼展很大(翼长的同时翼宽更宽),多见于鹰、鸢、雕、鹫等猛禽和鱼鹰。这种翼适合翱翔、滑

翔，盘旋也没有问题，但速度不太快。拥有高升力型翼的鸟在飞行时稳定性较高，展弦比型的则稍差，产生的阻力相对大一些，但是依靠上升的热气流翱翔或提起重的猎物不成问题。对于捕食性和腐食性的鸟类来说，飞行速度低是优点，这便于它们仔细搜寻猎物。它们翅膀上的羽毛横断面是弯曲的，有利于提供升力，而初级飞羽间能形成翼缝有助于减少翼间湍流或者说涡流。

高速型翼 该型翼长且尖，多见于雁鸭、隼、海雀、雨燕等直接在空中进食的鸟类，以及类似滨鸟的需要长距离迁徙的鸟类和类似海鹦和海鸦的潜水型鸟类。这种翼从内侧到顶端越来越尖，能最大限度地减小阻力、节省能量，但必须非常快速地鼓翅才能飞起来，不能保持低速飞行。

椭圆型翼 该型翼短而圆，适合在森林、灌木丛等密集空间内快速起飞和移动。鸦科鸟类和很多鸣禽都是这种形状的翼，方便它们在迅速变换方向的同时使阻力最小。它们鼓翅频率高，初级飞羽上始终保持有缝隙，以保证在快速转向及频繁的起飞降落过程中不会因为阻力而失控。库氏鹰在捕食那些会飞的猎物时能瞬间加速，灵巧地避开树枝和灌木枝，但也因此大量消耗能量。

小天鹅的翼展长达 6 英尺，飞行时可以提供极大的升力。它们流畅地滑过天空，初级飞羽基本保持不动。与它相比，加拿大黑雁的翼长要短一些，鼓翅动作更大更快，但也只是动动初级飞羽就能满足。雁鸭类，尤其是翼长更短且飞行速度很快的鸭，需要更频

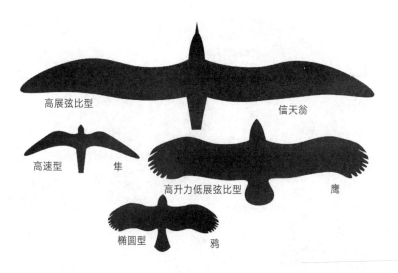

各种鸟类的展弦比

繁地鼓翅，起飞和加速时需要动用整个翅膀表面。最后，鸣禽的双翼面积最小，能够提供的升力最小，所以鼓翅最快最努力，至少要保持11英里每小时的速度才能维持在空中，从苔原一路飞来。

鸟类飞行时通过控制鼓翅来调整速度和高度，通过控制双翼升力来调整方向。左翼向躯干方向收拢时，左边的升力就会减小。但右翼是完全展开的，升力比左翼大，这时鸟体就会向左倾斜，向左转。但是这样一来就会在空中"侧滑"，跟我们平时驾车时向左急转弯的后果一样。为了防止侧滑，鸟的尾翼也同时转向转弯的方向，作用类似飞机的方向舵。降落时双翼则同时向内收。虽然我描述得很详细，实际上却很难辨别这些步骤，除非去看慢动作录像，观察鸟类翅膀和尾部的连续动作。

小天鹅的双翼又长又宽，穿越天际时只需要稍稍扇动翼尖。

　　气流变幻无常，所以鸟类演化出了复杂巧妙的应对方式。在狂风中飞行着实不容易。我曾在怀俄明州（这里的风速计下面吊着的是保龄球，倾斜45度只能算微风，足见风力之大）观察过双色树燕在大风天捕捉昆虫：它们忽上忽下，忽左忽右，俯冲、转弯，动作快到我根本来不及辨认它们究竟是如何调整动作的。家燕的风洞实验帮我们初步了解了它们的调整过程。在能够保持气流稳定（有序朝一个方向流动）的风洞中，测量家燕在飞行速度为8～33英里每小时情况下的反应。测量结果显示，高速和低速飞行时家燕的鼓翅频率均高于以中等速度飞行；飞行速度越快，鼓翅幅度（指鼓翅最高点和最低点之间的距离）越大；飞行速度越快，翼展、尾展及身体倾斜角度越小。简言之，它在飞行速度慢时增大升力，在飞行速度快时减小阻力。现实中的风速风向无时无刻不在变化，而双色树燕却能快速精准地作出调整，简直不可思议。

蜂鸟飞行方式比较特殊。大多数鸟类是靠落翼产生推力，然后弯曲腕部将翼尖回勾，再提翼复原，而蜂鸟是翼尖边转边往后收，复原的过程也产生升力。雁或鸥的飞行动作有点像我们游泳，手臂向前向下发力前进，向上向后收回。而要模仿蜂鸟飞行，得把大臂贴紧身体，只用小臂做以上动作。蜂鸟的前肢手部和初级飞羽组成了翅膀的80%，飞行自然主要靠这两部分控制。它的胸大肌和胸小肌大小相当，而其他鸟类这两处的比例约为80:20，蜂鸟这两处肌肉加起来占其总体重的30%，占比几乎是其他鸟类的两倍。

3. 起飞、降落、翱翔与滑翔

说到飞行，得先飞起来才能谈鼓翅、翱翔、滑翔。演化的哪个步骤将鸟类带上了天空呢？中国科学院古生物学家徐星院士和他的团队发现了一种叫小盗龙的四翼恐龙，生活在1.25亿年前的白垩纪，这种恐龙能滑翔，代表了鼓翅飞行之前的过渡阶段。它的腿部和翅膀上都有长长的飞羽，尾呈扇形，这些原始的羽毛有深浅相间的彩色色调，甚至有炫彩黑。

一直以来，关于鸟类飞行起源有两种假说，彼此矛盾。"树栖起源说"认为，鸟类先爬到树上而逐渐掌握了滑翔能力。很多证据支持这一假说。美国麻省理工学院的研究人员对小盗龙模型进行了风洞实验，测量其能产生的飞行升力和阻力。结果证明，其四肢水平伸展的姿势非常适合滑翔。而与之相对的"飞行疾走起源说"认为鸟类在地面奔跑，速度渐渐变快，获得起飞的升力。这个假说的证据相对较少。2003 年出现了第三个假说：鸟类先靠翅膀爬上倾斜的岩石、立面，边鼓翅边跑过越来越陡的斜面，直到升力大到能飞起来。研究人员以石鸡为对象，研究刚孵化的雏鸟攀爬斜面能力的发展过程，发现雏鸟孵化后先用四肢在地面爬

小盗龙飞行假想图

行，20 天左右开始双翼同步振翅飞行。他们推测这个过程与鸟类飞行能力演化的步骤一致，但目前未得到完全证实。

有些鸟类需要借助悬崖或者枝杈的高度、风势、浪潮获得起飞的升力，但也有一些鸟类能凭一己之力原地起飞。绿头鸭——北半球最常见的雁鸭类就具备这种能力，在普通的池塘和湖泊就可以找到一只。绿头鸭身形不算小，翼展翼宽也不突出，却能不借助外力、以 60 度角高难度地飞起来。它们有什么特异功能？首先，它们把双翼张开到最大，向下拍打，腕部（初级飞羽和次级飞羽之间的位置）击打水面，靠反作用力腾空。无论是鸟类还是飞机，如果起飞角度太陡，翅膀上方的平稳气流就会被扰动形成湍流，导致升力被抵消，鸟类（或者飞机）就会瞬间失控，甚至坠落。绿头鸭却能规避这种风险，靠的是腕部指骨上的 3～5 根小翼羽。挑战高难度角度时，小翼羽竖起，相当于机翼上的扰流板，减少湍流，直到绿头鸭提升到水平角度飞行。

有些鸟类生有美丽的装饰性羽毛，起飞时就需要特别注意。中美洲凤尾绿咬鹃炫彩的绿色长尾翼像翁郁的植物，据说中美洲神话中主管种植、遍体生满绿色羽毛的羽蛇神的形象就是受其启发。凤尾绿咬鹃的尾羽是体长的 2 倍，采用倒退式起飞，避开栖木，免得伤到尾羽。

降落比起飞难度更高，需要更巧妙的技术和敏捷的反应。我学习小型飞机驾驶时几百次飞行的亲身经历证实，最难的是同时

控制着陆速度和着陆地点。无论是对鸟类还是飞机来说，着陆的速度都至关重要，速度太大会导致冲击力过大（或者没有足够长的跑道减速），速度太小有可能动力不足半路失控，甚至坠落。着陆前的一瞬间，鸟身体竖起、几乎垂直于地面，舒展小翼羽和尾羽刹车，同时朝飞行的相反方向鼓翅减速。雁鸭、鹤、鹭等鸟类还会把爪前伸、趾张开，进一步增加阻力。降落时需时刻调整鼓翅频率和角度，柔和地减速落地。研究显示，鸠鸽降落到陌生的栖木时比落到自己熟悉的栖木上用力更小。也就是说，在降落到陌生地点时它们更小心。除了速度以外，鸟类还需要控制降落地点：麻雀要避开水坑，潜鸟也不能落在陆地上，这些都需要精确的控制。

在狂风中降落还有别的挑战。对于飞机来说，无论风往哪边刮，飞机都必须降落在机场跑道指定的方位。侧风着陆既复杂又危险，所以航空系统有最大安全侧风速度的限制。鸟类倒是不受限于方向问题，可以灵活调整为与风向平行，但它们同样需要补偿气流对速度造成的影响。这个过程需要双翼、尾，以及每一根飞羽协调作用，以毫秒为单位舒展、旋转，直到安全降落。

啄木鸟、䴓、旋木雀等在树干进食的鸟类降落方式又有不同。它们先飞到树附近，伸展双翼、绕着树干盘旋向上逐渐减速，等到快停下时抓住树干。啄木鸟着陆后两趾朝前、两趾朝后，尾翼保持不动，既便于攀附，又便于向上爬。准备起飞时，它们就松开脚趾，用力蹬一下树干，然后展翅飞走。

翱翔和滑翔

风筝是人类首个成功应用飞行原理的发明，已经有 3000 多年的历史了。公元 550 —559 年，中国南北朝时期北齐皇帝有感于鸟类飞行，命人用布条把囚犯双手绑在形似飞鸟的风筝上，从悬崖或者是高塔推下去，看他们能不能飞起来。多年后，人类进行了更人性化的尝试，依靠绳子连接着风筝，终于飞离了地面。风筝被绳子拴在人手里，引导风筝下方迎向风的方向，相当于风托着它向上飞。鸟类翱翔的原理跟风筝的原理一样。鸟类翅膀的横截面是曲线的，上面微微突起。当鸟在空中时，空气分子从正面吹向翅膀，并被分成上下两股，在翼后合并。由于翅膀上方有突起，从上方流过的空气分子比从下方流过的路程更远、扩散得更开。因此上方的空气密度更小、压力更小，受压力差作用，翅膀就获得了升力。翅膀移动越快，升力就越大。鸟尾也有类似的作用。

在三维空间运动需要在 3 个平面上都加以控制。咱们人开车的经历可以帮助理解。急刹车时，车头下沉，车尾扬起。急转弯时，车头已经转过去了，但横向力在质心处产生的旋转力矩从前轮到后轮不一致，导致侧倾。在冰雪上行驶打滑时，车身绕着质心在水平方向上旋转，像个风向标，导致车身横摆。俯仰、侧倾、横摆角度对地面驾驶的车辆影响有限，但在空中，鸟类如果不克服这三种问题根本无法飞行。

白头海雕降落回巢的瞬间

鸟类在空中时可以选择滑翔然后落地，或者借着气流一直翱翔不落地。鸟类通常利用的气流有 3 种：上升的热气流、阻碍气流、水平气流。上升的热气流一般由相邻的有温差的空气产生，常见于高山、水面和路面附近；鸟类先利用热气流升空，在降低高度的过程中被风带去目标方向。阻碍气流指当水平方向的风遇到山、悬崖、高楼等高大障碍物时，变为沿障碍物边缘向上流动的上升气流，鸟类可以利用这股向上的气流提升高度。鸟类也可以在水平气流中盘旋，只需要稍微调整翅膀角度就能升到很高，同样，之后可以再通过降低高度的方式实现远距离飞翔。下次再看见鹫或者大的鹰和鸢，你可以观察一下它们展现出的飞行技术。

　　也许最省力的飞行方式是动态翱翔，常见于海鸟中，信天翁就是其中的典型。当海上风速达到10英里每小时，信天翁一头扎进风里，先提升高度再转向目标方向，用高度换来飞行距离。慕尼黑工业大学的戈特弗里德·萨克斯（Gottfried Sachs）教授和他

翱翔的安第斯神鹫初级飞羽上的缝隙

的同事们用迷你 GPS 传感器追踪自由飞行的信天翁，发现它们可以通过动态翱翔持续飞行几千千米，几乎不消耗能量。所以科学家推测人类也可以造出低能耗的飞行器在海面翱翔。

翱翔如此高效是因为，在这个过程中，初级飞羽或水平张开，或垂直张开，在翅膀尖端或近尖端形成缝隙，疏导翼端的气流，类似于机翼上的扰流板。但是，翱翔和滑翔一般都只适用于低翼负载的鸟类。

4. 列队飞行

英语里"预兆"（augury）一词源于中世界末期，指通过观察鸟群占卜吉凶。罗马帝国时期在战争、选举、动土等重大事件之前总会找祭司请神谕，询问神是否保佑他们成功。总之，古时候看到一群鸟总是被当成某种预兆，或吉或凶。

我们看见滨鸟、黑鹂、椋鸟成群结队飞来飞去的时候，总觉得它们动作特别整齐。推荐大家看一下冬季在弗吉尼亚州的迪斯默尔沼泽冬栖的千百万只黑鹂的视频，令人叹为观止。这么多鸟如何做到步调一致？它们整齐得好像精心编排过一样。透过高速摄影的镜头和计算机模拟，我们发现鸟类通过观察临近的个体来调整自己的动作和在团队中的位置，从而努力保持跟其他鸟一致。它们有时候也会乱飞或者掉队，但是人类的肉眼来不及捕捉到（还记得第47页提到的"闪光融合"吧）。普林斯顿大学乔治·杨（George

Young）团队对椋鸟群的运动进行了计算，发现在鸟群中鸟会通过离自己最近的7只个体来调整自己的动作；这种调整不受集群整体大小的影响，不过集群的形状比较重要。根据计算，最完美的形状是厚的松饼形，太"薄"了鸟类不容易掌握整体的动态，太"厚"了个体视线会跟不上附近过多的成员，不能及时调整动作。

但是最初鸟类为什么要成群飞行？理由之一是数量越多越安全，多一只鸟就多一双眼睛监视捕食者动向，说不定还能迷惑对方，甚至反过来袭击敌人，并且更容易在迁徙途中找到食物或合适的栖息地。另外，有些鸣禽的幼鸟需要在群体中学习同类的行为。有时候，活着就得靠大家。

鸟群是分等级的，等级越高的个体飞在越前面。研究人员对一个鸽群进行研究，给15个成员全部安装了位置发射器，每5秒更新每个个体的确切位置。结果显示，领头的个体决定鸟群的飞行方向，但是当领头的个体落后时，马上有另一只同样处于高等级的个体顶替它的位置继续带着大家飞。所以每个鸟群永远有一只领头的个体，但这个引领者并不固定。我们推测，领头个体频繁更换可能是因为这个位置在空气动力学上处于劣势，体力消耗比较大，所以需要经常休息。我记得小时候看过一档关于加拿大黑雁鸟群的电视节目，早期的自然类节目总是从猎人的立场讲解。解说员很严肃地说，如果领头个体被射死了整个鸟群就会失去方向陷入混乱。实际并不是这样的。

自行车公路赛过程中跟风是很常见的技巧，高速骑行的破风手扰动空气产生湍流，在身后形成一个低压中心，其他骑手在低压区域骑行就比较省力。同理，鸟类翱翔产生升力的同时，翅膀尖端后侧也会产生向上的气流。这些湍流的作用类似小型飓风，能帮助后面排成 V 字形队伍的鸟省力。理论估计，在一个 25 只鸟组成的 V 字形鸟群里，除领头个体外，如果其他每只个体都利用前一只个体形成的上升湍流，那么每只个体能够比单独行动的个体飞行距离远 70%。法国国家科研中心的亨利·维莫斯克奇（Henri Weimerskirch）博士的团队给 8 只鹈鹕羽下安装了心率监测器，训练它们以 V 字形队列飞越塞内加尔河。监测结果显示，飞行时保持最佳间距能节省体力，提高沟通效率。2014 年，《科

加拿大黑雁成 V 字形队列飞行。

学美国人》（*Scientific American*）杂志发表了一篇关于笼养隐鹮的研究。通过隐鹮身上的能够计量鼓翅频率的轨迹监测器，研究人员发现群鸟不但能够调整位置在 V 字形队伍中获得最大利益，还能模仿自己前面的个体，与其鼓翅频率保持一致。鸟类集群飞行的队形问题简直成了一门科学。

褐鹈鹕、鸬鹚等水鸟常紧贴着水面排成一字形飞行。一是因为越靠近水面（地面同理），由于摩擦力的作用风速越低。二是可以利用"地面效应"：当鸟类或飞行器与地面、水面的距离小于一只翅膀的长度时，不会产生翼尖涡流，而且翅膀和地面、水面间的空气压缩产生的反作用力能增加升力。这些小技巧都能节省体力，这样就可以缩短觅食时间，降低暴露给恶劣天气和捕食者的概率。鸠鸽、椋鸟等小型鸟类不太利用 V 字队形或者地面效应，它们的翅膀太小了，产生不了多少向上的气流，也不太能利用翅膀下方增加的气压。

5. 水下飞行和飞行功能丧失

水天两栖和不能飞行、只能潜水的鸟类又有不同于以上介绍的飞行方式。无论哪种生存方式都与鸟所处的环境息息相关。

大部分擅长潜水的鸟类都不太擅长飞行，算是一种折中，一部分对飞行的适应转变成了对游水的适应。但也有一些鸟类强大到两种都擅长，远洋鸟类海鸬鹚和厚嘴崖海鸦就是典型。研究发

现，鸬鹚潜水时比同等体型的企鹅更耗体力。海鸦比鸬鹚效率略高些，但也比企鹅效率低30%。要想游得更省力，海鸦要么得减小翅膀尺寸要么得增肌，这样一来就不能飞行了。这条规律适用于所有海鸟，包括海燕、海鸽和鹱：游得越省力，飞得越费力。鹈燕是个例外，它在水上能快速飞行，把双翼稍稍收拢潜入水中也能在水面附近快速游泳，但是距离不能太远。

燕鸥、北鲣鸟和一些鸬鹚为了追猎物能潜水，在水下也算灵活，但是由于它们骨骼中空、身体浮力大，无法下潜很深，必须喙尖朝下"鸭式入水"，有时甚至需要从高一些的地方砸下去。我曾去过纽芬兰省的圣玛丽角游览北鲣鸟的栖息地，那里住着

厚嘴崖海鸦，游泳和潜水双项全能。

6000 多对北鲣鸟。（"圣玛丽角哟，什么都有"，过去在这个富饶的海域满载而归的渔民总喜欢这么说。）捕猎时北鲣鸟从 100 英尺的高度起跳，双翼后收，如离弦之矢瞬间穿透水面。它们的眼睛位于正前方，双眼视野范围宽广，没有外露的鼻孔，胸腔上半部分有气囊，用来缓冲水带来的压力。北鲣鸟脚上有蹼，在水下时靠脚蹼推进，同时双翼半张，起到平衡作用，几下之后又回到水面上来。

多数在淡水水域潜水的鸟类靠双脚推动身体。潜鸟是个游泳、潜水健将，目前记录到它们最深能潜 600 英尺。它们的骨骼是实心的，双腿侧面扁平，位于躯干后部，趾间具蹼，非常适合游泳，但是在陆上步履蹒跚。潜鸟的英语名字 loon 来源于挪威语单词 lom，意为笨手笨脚的、反应不太快的人。

鸊鷉没有脚蹼，但有分离的瓣状蹼，也非常擅长游泳，最深可以下潜 130 英尺。哈佛大学的约翰森（Johannsen）教授和努尔贝里（Norberg）教授拍摄了凤头鸊鷉游泳的全过程，发现它们趾上的瓣状蹼不对称、不连贯，因为每只趾都可以作为单独的水翼活动，这种结构能增加升力。鸊鷉的腿也位于躯干后部，比潜鸟的腿稍微灵活点，在陆上能奔跑一小段距离，甚至能表演"水上漂"。北美鸊鷉和克氏鸊鷉求偶时的"疾风步"式炫耀很有特色。一般一对克氏鸊鷉会同时跃出水面，双双在水面奔跑，步速约每秒 15～20 步，最高可以达到每秒 65 步，全程不需要鼓翅。我在加利福尼亚州东北部的鹰湖待过好几个夏季，为了统计当地鸊鷉

的种群数量，经常观看䴙䴘的这种表演。明明是鸟，却不用翅膀飞而用腿在水面直立奔跑，我每每看见总觉得有趣。

河乌属于鸣禽，却是水栖，所以很特殊。它们跳进湍急的溪流中，边用强健的双翼划水边寻找水生昆虫。它们的鼻孔上有层膜，羽毛浓密，血液含氧量非常高；运动时双脚几乎不发力，但长趾和爪适合攀附岩石。尾羽腺膨胀分泌的油脂使羽毛防水，瞬膜能在水下保护眼睛且能提升水下视力。河乌以前被称作潜鸟，但准确来说，它们是在溪边不停出水和入水，而不是一直在潜水，所以更名为河乌。有的河乌把巢筑在瀑布后面岩石凸起的地方，这样亲本出巢去下游觅食就需要穿越瀑布。

秘鲁和玻利维亚的巨䴙䴘、秘鲁䴙䴘、加拉帕戈斯群岛的鸬鹚都失去了飞行能力，完全变成水栖。企鹅有四分之三的时间在海里生活，也丧失了飞行能力，但是说它们能在水里飞翔却一点儿也不夸张。企鹅的翼扁平、坚硬，蹼状足强健，能扭转20度，抬起和落下时都能产生推力，类似蜂鸟鼓翅的原理。企鹅游泳时颈往后缩、头抵住肩膀、双足紧贴尾巴，这样既能减小阻力还能协助控制方向。企鹅的体形公认是所有动物里最符合流体动力学的，潜水艇、鱼雷和其他水下潜航器的设计都受企鹅启发。托尼·威廉姆斯（T.D.Williams）的《企鹅》（*the Penguins*，1995）一书中提到，企鹅的速度一般为5英里每小时，最快能达到15英里每小时。

世界上所有的鸟里只有0.5%不会飞行，除了企鹅以外还有几维、鸵鸟、鹤鸵、美洲鸵、鸸鹋、鴩、骨顶鸡、水鸡、田鸡、鸮面鹦鹉，以及5种鸭、1种鸬鹚、2种鹦鹉、21种秧鸡等。不会飞行的鸟类并不是演化里单独的一支，它们是分别从不同科的会飞的祖先演化而来的。退行演化在演化过程中不是什么稀罕事，比如人没有羽毛、常居洞穴里的鱼没有视力、蛇没有腿，都是退行演化的结果。自然选择只保留最有利于生存的功能，没用的都舍弃了。所以不会飞行为什么反而成了某些鸟类的优势呢？

夏威夷、新西兰等海岛上曾栖息着一些不会飞行的鸟类。公元900年左右，波利尼西亚人到达新西兰之前，岛上约有30种不

不会飞行的短翅鸊鷉，世界濒危物种。

会飞行的鸟，占全部鸟种数的25%。新喀里多尼亚、马达加斯加、牙买加和很多其他海岛国家也都有不会飞行的鸟类，其中最有名的是毛里求斯的渡渡鸟。这些鸟不可能来自同一个演化枝系，所以不会飞这个特点是不同地点的、不同鸟种分别演化而来的。

　　一种猜想是，鸟类演化出飞行能力是为了躲避不会飞的陆地捕食者，如果地上没有捕食者，它也就没有维持飞行能力的自然选择压力了。但是海岛上也有很多会飞的鸟类，所以这个原因并不充分。还有一种可能是，越来越多的鸟来到岛上以后，整个鸟群觅食压力增加，所以有些鸟通过减少自己原本的胸肌含量，以降低基础代谢率。因为体型小、不飞行，所以体力消耗少，就不需要摄入那么多能量，觅食压力因此得以降低。

　　飞行不是鸟类独有的本领，但无疑是它们最突出的本领。看鸟类优雅、高贵、惬意地飞行无疑是自然界最赏心悦目的一件事。在现实生活中，人类永远无法飞行，但是很多纪录片让我们得以以鸟类的视角感受飞行、感受不受任何牵绊地在空中飘浮。我推荐《迁徙的鸟》(*Winged Migraton*)、《鸟瞰地球》(*Earthflight*)、《伴你高飞》(*Fly Away Home*)和《飞行之中》(*In-Flight Movie*)。当你再看着眼前的鸟，想到演化使它们可以飞翔、可以生存，可以惬意地生活，可以脱离地心引力的束缚，怎能不感叹演化的奇妙。

四、四处飞行
——鸟类的迁徙与导航

> 全球都笼罩在气象系统的影响下，可南北极狂风呼啸，到了赤道附近又重归平静，各地的规律并未被统一；鸟类一边迁徙一边把各大洲连起来，堪称自然界真正的"统一者"。鸟类迁徙博大精深，是自然历史上最动人、最曲折的作品。
>
> ——斯科特·魏登索（Scott Weidensaul），
> 《风中生活》（*Living on Wind*）

鸟类有很多行为都是铤而走险，迁徙尤其如此，明明有很高的死亡风险，却因为能增加生存概率得以演化出来，真是左右为难各有利弊。迁徙是场豪赌：连续飞行、数日无休、风吹雨淋、陌生环境、捕食者虎视眈眈；但迁徙显然是值得的，不然全球不会有40%的鸟类选择每年迁徙。迁徙途中鸟类的速度一般是15～50英里每小时，100～500英里每天。鸟的体型越大飞得越快，比如雁鸭平均速度是40～50英里每小时，而霸鹟只有17英

斑头雁。血红蛋白的基因变异使它血液的含氧量比其他雁类更高。

里每小时。不论快慢，这趟行程都不是一朝一夕能完成的。北极燕鸥每年往返南北极，斑尾塍鹬一路不停地从美国阿拉斯加飞到大洋洲的新西兰，斑头雁要从珠穆朗玛峰正上方飞越喜马拉雅山脉。

鸟类不是唯一会迁徙的动物，其他很多动物也通过迁徙来增加生存概率。塞伦盖蒂平原上的角马、斑马、大小羚羊、黑角羚每年紧跟降雨分布线大规模迁徙。大白鲨夏季在阿拉斯加海岸附近大快朵颐，天冷了就回到加利福尼亚州的海岸。黑脉金斑蝶从落基山脉迁徙到加利福尼亚州的蝴蝶镇，全程下来需历经四代才能完成。伊利诺伊州南部肖尼国家森林（Shawnee National Forest）的蛇、龟、蛙每年春季迁徙到附近的拉鲁沼泽（LaRne Swamp）繁殖，冬季再回到干燥的石灰岩峭壁。

要追踪任何一种行为的演化轨迹都不容易，但我们可以根据化石的分布和现存的物种行为来进行一些推测，比如推测迁徙比留在原地更有利于长期生存的理由。有一种推测是这样的：假设有一群鸟不迁徙，留在原地繁衍，数量就会越来越多，直到占满整个栖息地，过程中对食物、筑巢地点的竞争越来越激烈。为了生存下去，一些年轻的鸟选择搬到其他地方新建一个种群。假如新地点在原地点的北面，冬季就会比原地点冷而不适合生存，于是这群出走的鸟在冬季就带着新繁衍的雏鸟回到原栖息地。这样一来，无论对于留下的还是出走的种群，繁殖季的资源竞争压力都变小了，虽然冬季的竞争可能会比之前更大。第二年，迁徙的那部分鸟又飞回北方，可能会开拓出更大的领地。几年下来，迁徙个体数量越来越多，而冬季等它们回到原栖息地，给一直留在当地的个体带来的竞争压力就越来越大，直到留鸟们无法承受，放弃原领地，跟着迁徙的鸟一起飞向北方。此时整个种群都开始迁徙了。以前我们认为，现在的候鸟都是从留鸟演化来的，迁徙是演化来的更有利的行为，能提高存活率。现在看来，鸟类迁徙行为的演化是随机的，而且有很强的可塑性。2012 年发表的一项对南、北美洲森莺科鸟的研究得到两个结论：首先，森莺的祖先是候鸟；其次，候鸟丧失迁徙行为变回留鸟的概率与留鸟变成候

鸟的概率相当，这也是一个退行演化的例子。

1703年有个自称"既好学又虔诚"的人出版了一本小册子，号称候鸟冬季飞到月亮上越冬。如今人类对迁徙的了解比那时不知道多了多少，但迁徙的起源、动机和过程仍存在很多疑问。为什么有的鸟一直飞，而有的飞飞停停？鸟类是天生就知道自己的迁徙路线，还是一步步摸索出来的？它们每年的迁徙路线一样吗？为什么只有一部分物种迁徙？为什么近缘的物种之间迁徙习惯有差别？为什么同种的不同个体间也有差异，甚至有些个体今年迁徙明年又不了？我们只知道遗传和环境对迁徙行为都有影响，但具体是什么影响还有待研究。在人类发明出全程追踪鸟类的方法之前，这些谜团一直困扰着我们，直到今天也没能全部解答。

1. 环志：了解迁徙路线

关于迁徙行为的研究，开始于标记或者环志。记录显示，中国人至少在3000年前就开始为了鹰猎而养鸟，他们给每只鸟做好标记，以区分归属。罗马帝国早期，人们用线把纸条绑在乌鸦的足上，在乡间传递简单的消息。关于鸟腿上金属环最早的记载出现在1595年，法国皇帝亨利四世（Henry Ⅳ）养的一只游隼在追鸨（一种生活在欧亚平原上的奔跑速度很快的大型鸟类）途中走失，后来在1350英里以外的意大利南部马耳他岛寻回。1709年，在英国萨赛克斯郡射落的一只野鸭颈上有银质环，环上有用丹麦国王的武器刻的铭文。奥杜邦博士曾在灰胸长尾霸鹟幼鸟的腿上系上银链，等幼鸟长大时用于识别。但是人类第一次为专门获得鸟类行动轨迹的信息而进行环志是在18世纪初，依据是德国境内发现的一只苍鹭。根据它双腿上的金属环推断，它是几年前在土耳其被环志的。丹麦鸟类学家摩顿森（C.C.Mortenson）是公认的第一个用环志方法系统地记录鸟类行为的科学家，1899年，他用已编号的鸟环收集鸟类飞行数据。

1920年，美国和加拿大鱼类和野生动物管理局开始联手监督两国的鸟类环志及信息管理。1960年以来，有大约6400万只鸟被环志，其中约有68万只在实地观测或回收鸟环过程中被再次捕捉或观察到。通过捕捉和观察环志鸟类，我们可以了解它们的迁徙途径、寿命、社会结构、种群数量、健康状况等信息。美国地质调查局鸟类环志实验室要求环志者必须持证操作，务必一丝不苟，只有这样才能得到全面、精确的鸟类迁移数据。除了环志和重捕日期，年龄、性别、换羽阶段、是否采集了血液或羽毛样本、腿翼颈辅助环志佩戴情况、是否有疾病症状等都要细致记录。

我也有环志许可证，这些年下来累计给几百只鸣禽戴过环。一两年后我偶尔在原环志地点重捕过有环个体，但在我的环志点以外的地方鲜有收获。这是正常的，因为鸣禽寿命不长，死后不起眼的脚环很难被发现，所以鸣禽的环志回收率一般只有1%。鸭科是个例外，每年鸭科的鸟环回收率高达15%～20%，因为它们

东南亚的黄喉雀鹛，腿上有金属鸟环。

经常被猎杀，即使是在野外死亡，铝制金属环也足够显眼，一般
到发现时都还保存得很好。

环志让我们更加了解鸟类的活动路线，但无法精确到从佩戴
鸟环到重捕期间的具体信息。要了解这些需要更先进的技术和设
备，如雷达、同位素追踪、无线电发射标签、超高频无线电波、
视频录像、近些年出现的全球定位记录仪与卫星追踪等。例如，
英国南极调查数据库在海鸟腿上系上指甲大小的数据记录仪，通
过不同经纬度的光线强度定位。追踪鸣禽类需要更小、更轻的记
录仪，差不多 0.05 盎司[1]。同位素比值法更复杂，但也能补充更重

①1 盎司≈28.35 克。——译者注

要的信息。黑喉蓝林莺羽毛中的自然的碳、氢同位素比值能反映它的饮食组成，也证明栖息地不同的个体飞到加勒比海沿岸越冬时会选择不同的位置，偏北地区的种群喜欢在更偏西的地点越冬。这些高端技术通常成本很高，而且需要经过专业训练才能掌握，所以在今后很长一段时间里，环志方法还是收集鸟类活动轨迹数据的首选。

《候鸟条约》(*Migratory Bird Treaty Act*) 规定，环志需要有合理合法的目的，不属于普通的兴趣探究范畴。因为环志可能对鸟类的生存造成威胁，鸟环的重量会增加鸟类的负载，鸟环与腿摩擦还可能形成伤口，捕捉和戴环的过程中鸟类也会受到惊吓。黑嘴天鹅颈上的鸟环冬季会结冰，严重阻碍了它们运动；王企鹅鳍状前肢上的铝环甚至将它们的死亡率提高了 16%。有些环志者认为，上述个例被夸大了，而且通过环志可以收集到重要信息，值得冒这个险，我个人则认为，随着新技术逐渐普及、收集相应信息的成本降低，环志将被慢慢取代。

2. 生物钟与迁徙时间

不知道你平时看不看球，有人统计了近 40 年来美国所有橄榄球比赛得分，发现美国东部时间晚上 8 时举行的场次里，西海岸的球队常比东海岸的球队发挥好。棒球比赛也是类似情况。这是什么原因？原来关键在于参赛队员的生物钟。美国东部时间晚上

8 时，西海岸还是下午，所以西海岸的球队比对手更有精神。你今天早上几点醒的，跟昨天一样吗？你下午犯困吗？你每晚睡觉时间规律吗？大概差不多吧。脑力活动、体温、激素水平、血压、其他代谢活动等，都反映了你的昼夜节律，也就是你的生物钟。日常活动的节律与光周期息息相关。跨时区旅行时你的昼夜节律会被打乱，但几天之后你就会适应新的日照规律。顺便说一下，倒时差最快的方法是晒太阳，让日照重置你的生物钟。

现在我们来考虑一下，人早上为什么会醒来？直接因素是你的日常节律：不管是被闹钟叫醒还是被香喷喷的早餐馋醒，你总是这个时间醒。虽然早餐这个理由看上去有点牵强，但这些确实是你从被窝里爬出来的最直接原因。可归根结底又是因为什么呢？因为你有事要做——老板催你工作，你计划了一次钓鱼，孩子等你送上学，肚子饿了要吃饭。这些是终极因素，也就是起床的根本原因。

再来分析鸟类迁徙，迁徙行为开始的直接因素，即直接导致鸟类开始飞行的环境中的提示，首要是光周期；终极因素则指每年必然迁徙的原因，包括食物和气候。迁徙的时间很容易预测。鸟类每年都在大约相同的日期回到繁殖地。请注意，我用了"大约"。因为有些种类几乎一天不差，而有些种类变化很大。一般来说，食虫鸟类比其他食性的鸟类更准时，但不绝对。传说美洲燕每年都是 3 月 19 日回到加利福尼亚州的"燕子"教堂（Mission

San Juan Capistrano），实际上它们没那么准时，有时候差几天。（而且令人难过的是，由于该区域不停地改建和新建，美洲燕的数量已经接近零，现在当地正在采取措施重新吸引它们回来。）俄亥俄州的欣克利镇（Hinckley）从 1957 起开始每年举办"秃鹫归来节"，庆祝红头美洲鹫回到该地，日期定在 3 月 15 日。受天气影响它们每年实际达到的时间不固定，但差不多就是那几天。光周期是它们迁徙最主要的直接因素。

欣克利鹫鹰节的广告海报

鸟类的秘密生活

光周期或日照时间

地球上除了赤道和南北两极，其他地区的光周期，也就是日照时间，每天都在变化。赤道地区日照时间永远是12时7分。而北极每年有163天是极夜、187天是极昼。挪威的特罗姆瑟市（Tromso）冬季有60天处在极夜范围内，一直没有日照。伦敦每年8月中旬日照时间长达14时51分，12月中旬则变成7时51分。而墨西哥城夏冬日照时长则分别是12时9分和10时59分。光周期的变化对生物影响很大。

我们很早就知道，昼夜节律对人类和动物影响很大。有些工作经常要求员工倒班，昼夜不规律会影响血管生长，导致心脏病、中风等疾病，也会延缓伤口愈合。年际性节律也十分重要，例如骨髓和内脏的细胞分裂速度、红细胞含氧量、血压和胆固醇含量也存在年周期性变化。（不要混淆了年际性节律和所谓的"生命节律"，后者是那个号称人从出生开始就要受一些特殊周期支配的谬论。）

虽然天气预报常常不准，日照时长却是可以预测的。某地的黎明和黄昏在每年的同一时间总是以相同的方式改变。所以当日照时间变长，鸟类就收到信号准备开始迁徙了，这个信号有个专业说法叫授时因子（德语 *Zeitgeber*，意为传达时间的人）。随着日照时间变长，鸟类的生理和行为都会发生变化。在日照时长变化很小的赤道附近，鸟类可能会通过旱季和雨季不同的日照强度作出判断。

随着出发时间接近，鸟类的行为开始变化。它们开始多吃增重，尤其是增加脂肪含量，为迁徙储备能量。研究人员经过多年观察发现，笼养的鸟在迁徙时间临近时也会表现出躁动，术语叫迁徙兴奋（德语 Zugunruhe，形容行为上的焦虑状态）。研究者利用各种电子和机械设备测量这段时期鸟类的行为和方向偏好。1966 年美国鸟类学家埃姆伦（Emlen）父子设计了埃姆伦笼，简单但有效地证明了鸟类的迁徙兴奋行为。他们把一个鸟放在一个漏斗形的笼子里，笼子内侧壁铺一层纸，在漏斗锥体尖部放置一块吸饱了墨水的小布垫。鸟落在笼底布垫上时，爪上会沾上墨水，跳到侧面时爪上的墨水就会印在纸上。将漏斗取出，统计侧面各个方向上墨水印的密度就能得出它的方向偏好。实验中还可以通过星象仪改变光周期、日照方向、月光方向、夜空状态等，来观察这些因子是否会影响笼中鸟的方向偏好。

春季日照时间变长时，鸟类就准备向北迁徙了。天气变幻无常，但一般都挑最合适的日子出发。如果碰上天气温和就提前出发，途中可能遇到寒流；如果碰上低气压就推迟出发，等到了目的地资源就可能被抢光了。天气转暖以后草长虫飞，植物抽芽开花，鸟类要抓住这个万物勃发、食物充足的机会，避免因迟到而错过。虽然气温、土壤湿度、积雪融化速度等或多或少会影响植物和昆虫的生长，但每年大致的时间是固定的。所以鸟类春季迁

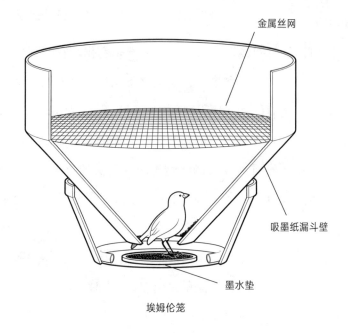

金属丝网

吸墨纸漏斗壁

墨水垫

埃姆伦笼

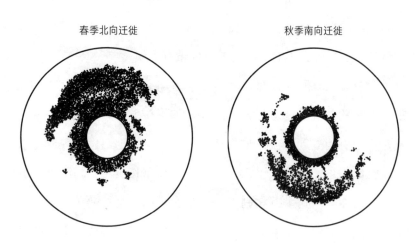

春季北向迁徙

秋季南向迁徙

墨水印密度可以反映鸟的方向偏好。

徙的时间由光周期决定，而食物由气温决定。和其他的遗传特征一样，即使是同一种鸟，不同个体的迁徙日期也会存在差异。碰上寒冬，最早到的一批鸟可能发现昆虫和植物还没开始复苏；若是碰上暖冬，拖延出发的个体就有可能挨饿。极端天气对任何一个种群中过早或过晚抵达迁徙地的个体生存都有影响，有时是积极的，有时是消极的。

对于很多鸟来说，种群内全部个体从越冬地点完成迁徙抵达繁殖地大约需要3～6周。比如白鹡鸰从非洲北部飞到芬兰需要3周，家燕也差不多，从非洲南部飞到欧洲，比白鹡鸰抵达的稍晚一点。雨燕从非洲最南端的三国返程，抵达日期比它们更晚些，但最快和最慢的个体之间也只差2周左右。以上三种都是食虫鸟类，白鹡鸰食谱稍宽点，可以吃一些植物；家燕主要在空中进食，也会从植被、岩石、河流湖泊表面捡些食物；但雨燕只在空中觅食，也许是进食差异造成迁徙时间有别，雨燕一般在昆虫数量最多时到达。

3. 迁徙行为

迁徙行为因地理环境和物种不同而千差万别。迁徙路径有长有短、迁徙时间有冬夏或旱季雨季，还可能顺着海拔垂直迁徙，即使是同种鸟，也可能同时存在候鸟和留鸟。一个鸟群的所有个体可能同时出发，也可能错峰行动，年龄和性别对此均有影响。比如红翅黑鹂雄鸟越冬时会形成只有雄性的集群，等到春天就早

早飞回北方建好繁殖领域，恭候晚一步回来的雌鸟。还有更多例子，但我相信你已经明白了，迁徙行为是不固定的，以保证种群生存为目的灵活变化。

写这章的时候时值 10 月，我在玻利维亚境内的亚马孙河上游支流待了一周，钓鱼、观鸟。鱼和鸟的多样性都大得令人叹为观止，每类都得超过 1400 种。我自然没看全，但也看到了不少。有玻利维亚当地的鸟类，也有从北美迁徙过来的候鸟，如游隼、鱼鹰、小黄脚鹬和大黄脚鹬①、褐腰草鹬、家燕、崖沙燕等。这些北方的外来者似乎很自然地就融入了亚马孙雨林的热带生态系统，没有被当地留鸟排斥，甚至没有引起额外注意，让我百思不得其解。不过这也证明了热带雨林的生产力。

迁徙行为在种内和种间都有很大差异。在北美，歌带鹀和冠蓝鸦是留鸟，黄鹂和裸鼻雀是候鸟，而在英国，山鸦和翠鸟是留鸟，燕子和鹡鸰则每年往南方迁徙。同样都是北美的旅鸫，生活在美国南部的种群不迁徙，但美国北部阿拉斯加州和更北的加拿大的旅鸫种群每年秋天都飞往南方。叽喳柳莺一般在北欧和亚洲繁殖，在南亚和非洲越冬，但近几年有些叽喳柳莺留在了英国越冬。黑头白斑翅雀种内就分成了两部分，一部分不迁徙，始终生活在墨西哥，另一部分飞到北美西部繁殖，冬季再回到墨西哥。

---

① 原文为 Lesser and Greater Sandpipers，可能系作者笔误，推测应为小黄脚鹬和大黄脚鹬（Lesser and Greater Yellowlegs）。——译者注

　　南半球的陆地面积比北半球小，因而鸟类的迁徙路径相对简单。在南半球繁殖的鸟类不会飞到别的大陆越冬，有些南半球的候鸟从没越过赤道。降雨量对南半球鸟类的迁徙行为影响也很大，因为雨水越充沛昆虫数量越多。比如斑翅凤头鹃总是在雨季开始时从非洲到达印度，它们的迁徙行为跟季节变化密不可分，所以印度人民把它们编进民间传说里，称它们为雨季的使者。夜鹰因在黄昏觅食的习惯和"jarring"的叫声得名。旗翅夜鹰的繁殖区域从塞内加尔直至埃塞俄比亚，向北方迁徙就是为了躲避雨季的来临。翎翅夜鹰繁殖区域在赤道的非洲段以南，属于南半球，越冬地在原来的基础上再往北一点，这种鸟的迁徙时间特别长，所以无法判断跟雨季的直接关系。澳大利亚只有 7% 的候鸟的繁殖地和越冬地能明确区分开，纬度平均只隔 9 度，相比之下，北半球的候鸟平均飞越 22 度。

　　垂直迁徙是指夏季生活在高海拔地区、冬季飞到海拔相对较低的地区，这类候鸟包括柳雷鸟（英格兰与爱尔兰亚种）、斑林鸮和暗冠蓝鸦。欧洲的河乌和美洲河乌可能向更南或海拔更低的地点迁徙，具体取决于当年冬季的温度。其中美洲河乌的情况要更复杂些，涉及一种特殊的迁徙形式——部分迁徙。河乌多数栖息在河道干流的低海拔区域，但繁殖季时，为缓解觅食和巢址的竞争压力，一部分河乌会移动到高海拔地区。去往高海拔地区的个体跟留在低海拔地区个体的繁殖成功率差不多，但留下的个体通

河鸟，英国鸟类学家和画家约翰·古尔德（John Gould）绘。

常会额外哺育一窝雏鸟。所以部分迁徙的行为对整个种群来说是有益的。热带地区近20%鸟类都有垂直迁徙行为。研究显示，哥斯达黎加的热带鸟类繁殖的海拔高度与被捕食情况成负相关，巢的海拔越高捕食者数量越少。但是高海拔地区也会更易受天气变化的影响，所以也有证据显示，降水量异常高的雨季它们会迁徙到海拔低一些的地区。

迁徙时长

不同鸟类迁徙的起点和终点不同，所以迁徙所需的时间有很大区别，同时飞行速度也受环境影响，天气变化也可能极大加快或拖慢进程。加拿大黑雁一般2月初离开美国南部的越冬地，4月末到达加拿大北部。它们基本上是沿着17°C等温线（天气图上给定时间或日期里温度值相同的各地点的连线）一路向北。这个标准很科学，如果超过等温线，到达时可能当地还没解冻，食物就不充足。橙腹拟鹂夏季在北美东部繁殖，冬季在加勒比海沿岸、中美洲和南美洲北部越冬。它们夜间迁徙，飞行速度约20英里每小时，单日的飞行距离可能超过150英里，全程需要2~3周。

大西洋东西两岸的滨鸟从北极冻原迁徙到南半球，迁徙行程长到难以想象。比如斑尾塍鹬在阿拉斯加的冻原筑巢，在新西兰越冬；每年春天它们离开新西兰开始向北飞，中途通常在澳大利

斑尾塍鹬冬羽

亚、韩国、俄罗斯半岛稍作休息补充能量，最终到达阿拉斯加，整个过程历时4个月；9月再从阿拉斯加飞回新西兰，整个行程6600英里，中间一次也不停。2006年夏季，研究人员给16只即将迁徙的斑尾塍鹬系上卫星信号发射器，追踪结果显示，其中一只雌鸟以34.8英里每小时的平均时速连续飞行了7145英里，从阿拉斯加州到新西兰只用了8天。

世界最远迁徙纪录的保持者是北极燕鸥。北极燕鸥中等体型，外表没有什么特别之处，但生活习惯绝对独一无二：夏季生活在北极和亚北极地区，冬季飞到南极越冬；5月—8月（北极夏季日照时间长的时候）就是它们的繁殖期，它们一般一窝下两个蛋，孵化时表现出激烈的防御性；平时以海洋中的鱼类和甲壳类为食，筑巢繁殖期也吃些昆虫。北极燕鸥雏鸟出飞后，整个种群离开繁殖地前往日照时间长的南极地区越冬，大致从11月待到来年3月。4月、5月又飞回北方，迁徙时平均日行300英里，个别个体甚至可以达到400英里。其他研究发现，一些北极燕鸥个体每年可累计飞行66000英里。燕鸥紧随日照时长的变化迁徙，所以也是地球上接收日照时间最长的动物。

北极燕鸥寿命可长达30年，据说一些个体一生中飞过的距离相当于地月往返距离的3倍。这可真是难得的壮举，问题是：有多少燕鸥能活30年？我读过一个关于北极燕鸥环志的研究，说成鸟的年死亡率高达18%。假如现在北极有1000只北极燕鸥，根据

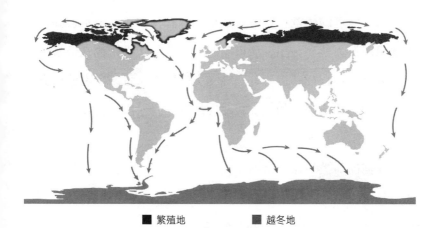

■ 繁殖地　　　　■ 越冬地

北极燕鸥向南迁徙的路线

这个数据，每过一年数量就减少 18%，等到 30 年以后，1000 只鸟里只有 1 只能活下来，完成理论上的 30 个往返。这是多么神奇一生啊！

如何才能飞得更远？

从繁殖和越冬的地点、迁徙往返路径、飞行速度，到出发和返程日期，人类已经掌握了大量有关鸟类迁徙的信息。但有一个非常重要的问题还没解决：要想不停歇地飞越一望无际的水域，如何补充体力？

迁徙途中鸟类主要面临三大挑战：体力消耗，能量补给，耐力保持。迁徙的鸟类、昆虫、哺乳动物都靠脂肪提供能量，它的重要性无出其右。跟蛋白质和碳水化合物相比，相同质量的脂肪

能提供 2 倍多的能量；从另一个角度来看，脂肪不吸水，提供相同热量时所占体积最小，所以脂肪是完美的能量来源。但是鸟类也需要储存蛋白质，以弥补迁徙损失的肌肉含量。出发前鸟类体内脂肪与蛋白质的比例从 1:1 到 10:1 不等，取决于食物组成、迁徙路线和距离。

迁徙前鸟类往往会增加体重，增加的部分主要是脂肪。极北杓鹬是个很典型的例子，这种滨鸟 200 年前在北美洲数量还很多，19 世纪的博物学家奥杜邦和艾略特·库斯（Elliot Coues）是这样形容的：极北杓鹬从南美前往阿拉斯加和加拿大西部的冻原，迁徙途中在中西部平原休息，所以平原上铺天盖地都是杓鹬。每年在返程途中，这些杓鹬中的 200 万只经由商业捕猎成为食物。极北杓鹬外号是"面团鸟"，因为它们向南迁徙前体内积累了大量脂肪，被射杀后掉在地上，厚厚的脂肪像个面团。猎人们可能已经把它们赶尽杀绝了，1963 年以后再也没有关于这种鸟的可信报道了。

鸟类把脂肪储存在皮下，平时做饭清理整鸡的时候你就能看到。脂肪首先堆积在特定区域，如两块锁骨中间形成的凹陷下，然后是胸肌下，如果还有额外的，则储存在全身的表皮下。鸟类体内的脂肪含量能揭示它们的迁徙策略，所以鸟类学家学会了透过半透明的皮肤观察锁骨凹陷处来推测大致的脂肪含量。这很容易操作，首先往鸟喉咙表皮那里吹口气，再把羽毛分开，露出里面的皮肤。1 分表示没有脂肪，3 分表示脂肪充足，5 分表示非常多。

　　古北界的庭园林莺平时体重大概 0.6 盎司，去撒哈拉以南越冬前会贮藏脂肪把体重增加 30%～40%。从地中海启程到跨越撒哈拉沙漠，一路都没什么机会补给。行前它们会尽可能多吃，即使这样，到达目的地的时候全身的脂肪几乎都消耗尽了。同样，春天再次飞越撒哈拉沙漠返程前，它们需要再次增重，有些个体增重 50%，约 10% 的个体甚至直接翻了一倍。（想象一个 130 磅的人要是体重增加了 50%，得在健身房锻炼多久才能恢复到原来的水平？）除了增加脂肪，鸟类还会增加飞行肌的体积，增幅大概为 15%，不但能提供更多飞行动力，肌肉里的蛋白质还能在脂肪耗尽的情况下替代脂肪提供能量。棕煌蜂鸟的迁徙路径是从落基山脉到墨西哥，出发前它们会增重 60%，但是要把喝进去的糖浆花蜜转化成脂肪还需要它从所摄取能量中消耗 16%。

　　鸟类离开繁殖地向越冬地迁徙，途中一般会停下来休息、补给。但也未必能这么理想，比如滨鸟的食物范围就非常有限，它们得等到退潮才能觅食。所以出发前它们都会变成一个"大胃王"，胃和胆囊体积相应变大，好消化更多食物、储存脂肪。等到储存的脂肪量抵达上限，胃和胆囊就缩回原来的尺寸以减轻重量，而心脏、血管、飞行肌这些飞行核心器官则相应变大，一部分蛋白质也被用来增加肌肉。此外，分解和转化脂肪的酶活性变强，红细胞数量增加，能在飞行中结合更多氧气。

很多鸟虽然本身是昼行动物，却在夜间迁徙，一如鹬、秧鸡、雀、霸鹟、黄鹂、鸭、莺、黑鹂和滨鸟，因为除了一些捕食空中飞虫的鸟类以外，这些鸟类可以在白天觅食，晚上风小了再赶路。小型迁徙鸟类如果白天赶路，需要不时停下来觅食，这样会拖慢行程，而且如果晚上休息，早上上路前还需要再次补充体力，所以它们形成了夜间飞行的机制。但也有例外，如蜂鸟在迁徙途中需要时不时进入休眠状态，以降低新陈代谢速率。

以车为例，同样一缸油，决定车程的一个因素是车的重量，重量越大耗油越快。另一个因素就是外形。鸟类虽然因为迁徙增加了很多脂肪，但它们有一套在全身合理分布脂肪的体系，能最大程度上降低阻力。但归根结底，体重越大能量消耗越大，所以迁徙鸟类演化出了两种生存策略。一种是缩短迁徙所需时间，持续飞行不休息，这样碰上极端天气和捕食者的概率就会降低。但是想一直飞就得储存更多脂肪，飞行时因为体重而消耗的能量也就更多。另一种策略是尽量减少脂肪含量，靠频繁停歇补给能量，滨鸟、鸣禽和鸭科鸟类一般采用这种策略。大部分物种选择两种策略结合，穿插着来。捕食飞虫的燕、夜鹰、雨燕、金丝燕等物种直接在空中觅食，可以边飞边补给，所以它们可以只储存少量脂肪而飞很远。通过卫星追踪鱼鹰迁徙过程，人们发现，鱼鹰从瑞典到西非，一路上60%的时间在飞行，40%的时间在休息。但不同个体差别很大，有些个体可以一直飞。唯一合理的解释就是，

在迁徙途中，安氏蜂鸟有时会在晚上进入休眠状态，以保存体力。

它们边飞边在河流湖泊里抓鱼吃。自然选择的目的就是保证最多数量的个体存活下来，所以自然选择又使迁徙行为灵活多变，以适应个体需求。

飞行很耗体力，蜂鸟飞行时消耗的体力是休息时的 5～10 倍，单位体重耗氧量更是人类运动员运动的 10 倍。每年春季，红喉北蜂鸟向北飞越墨西哥湾，全程无休，500英里只需要20～24个小时就能完成。为什么它体型那么小，却能完成这么惊人的壮举？多年来这个问题一直没有答案。飞行前它要增加约为体重40%的脂肪。还有一些其他鸟跟它的路线差不多，它们通常在阿拉巴马州多芬岛停留，这里是它们的第一站，是个观鸟胜地。有一年春天，我在那儿参加一个会议，见到75只虽然累坏了但是依然十分绚丽的玫胸白斑翅雀雄鸟，它们刚飞越墨西哥湾，正停在一棵树上休息。那时候观鸟节什么的还没开始流行，当地人十分不解竟

黑鹂在树上休憩。

然有人专门来看鸟，甚至还夸张地穿着卡其色衣服、挎着双筒望远镜，他们明里暗里地嘲笑这些突然出现在酒吧、餐馆的观鸟人。如今多芬岛已经成为鸟类保护区，一年一度的阿拉巴马海岸鸟节（Alabama Coastal Bird Fest）也成为当地的一项重要营收活动，而当地人也不再嘲笑前来观鸟的人了。

正如前面所说，不同鸟类甚至是同种鸟不同个体的迁徙路径、距离、策略都有很大区别。迁徙行为与演化所塑造的其他各种适应性行为一样灵活多样，所以鸟类能应对时刻变化的环境。由于气候变化，河流逐渐干枯、河水变道、食物迁移，如今边飞边休息的迁徙路线未来可能需要全程不停歇地完成。为了成功到达目的地，鸟类不得不闯出一条新路。

4. 导航系统

爱德华·吉本（Edward Gibbon）在《罗马帝国衰亡史》（*The Decline and Fall of the Roman Empire*）中写道："风浪永远相助于出色的领航员。"有点野外森林经验的人都会根据一些自然界的线索辨别方向，所以即使指南针进水了、地图被大脚怪（bigfoot）[①] 咬了也没太大问题。日月星辰、溪流山川、风卷云涌、树干背面的青苔，甚至气味等，都能被用来判断方向。所以即使没有任何导航设备，鸟类也不会迷路。

---

① 传说中生存于北美洲西北部太平洋沿岸森林中的野人。——译者注

1914 年一战的马恩河战役期间，法国军队把信息卷成卷绑在军用信鸽的腿上，通过 70 个移动的鸽舍传递消息。虽然队伍一直在移动，但是 95% 的消息都成功传达了。其中最有名的一只鸽子名叫雪儿阿美（Cher Ami），它受弹击后，在一只眼睛失明、失去一条腿的情况下传递出的信息使 200 名美国大兵免于德军的炮轰，被授予法国荣誉勋章。后来美国空军总司令潘兴（Pershing）将军把它带回美国，其标本现存放于史密森学会的一个玻璃柜里。负责寻向、竞翔、送信等各种任务的鸽子通常是同一物种——原鸽。原鸽导航能力出众，有非常多的关于原鸽导航的故事（但是一般笼统地叫它们鸽子）。

科学界一般认为鸟类具有多种导航技术，有些技术是彼此独立的，有些相互结合、综合利用。标志物、太阳、星象、地磁场、气味、低频声音等都可能成为鸟类用来识别方向的工具。鸟类不同的导航方式也对人类了解自身的感觉系统有所启发。我们都知道，有人方向感很强，有人却是路痴。但我们不知道方向感是天生的还是后天习得的。在鸟类学里，导航也是最具挑战的领域之一，但也因此充满惊喜。

标志物

人类通过标志物在小区和城市里认路，鸟类也是。找到食物、水源，躲避捕食者的隐藏地、遮风挡雨的庇护所对生存至关重要，所以鸟类通过标志物来定位是十分必要的技能。即使飞到不太熟悉的地域，它们也可以通过河流、湖泊、岩石、树木和环境中其他显眼的事物定位。鸟类在自己熟悉的环境中能立刻飞向目标方向。而在陌生的领域则需要先在空中盘旋，寻找能当作标志物的事物。离目的地越远，寻找标志物用时越长。鸠鸽最远能飞到635英里以外，花费一天左右摸索路线，超过这个极限它们就回不来了。2005年牛津大学给50只鸠鸽安装了追踪仪，录像显示，有些鸠鸽总沿着固定的高速公路、环岛和出口飞回鸽舍。每次在一定距离以外放飞，它们都是沿几乎相同的路线返回，不管这条路线是不是直线、是不是最短。

科学家用无线电对加拿大黑雁进行追踪，发现它们白天飞行依靠标志物认路，越接近目的地越专注。路过熟悉的标志物时还会主动调整路线，消除风力导致的航迹偏移。曾经有两队加拿大黑雁同时从明尼苏达州开始迁徙，出发时汇成一个鸟群，路过某一点时散开，各自前往目的地。有一年，那个点附近有棵大树倒下了，鸟群第二年再经过这点准备散开时，似乎有点迷失方向；显然，它们把那棵大树当成了重要标志物。

但是标志物理论无法解释离开父母的小鸟如何独立完成第一次迁徙，也无法解释海鸟在远离岸边的海上如何导航。人类也会通过标志物辨别方向，但没有明显的物理标志时我们只能借助其他办法。

日月星辰

自从人类开始在地球上穿梭，就会根据日月星辰辨别方向。两河流域的腓尼基人有卓越的航行和导航能力。他们首选在能看见陆地的范围内航行，情况不允许时也会通过观察海上的鸟来辨别方向，因为有鸟就意味着陆地不太远。古挪威人懂得观察鸟喙以辨别方向：喙里装满鱼的鸟是朝巢穴方向飞，相反，喙里什么都没有的则是要离开陆地出海捕鱼。如果连鸟也没有，水手们则根据夜空中的北极星和太阳在空中的轨迹辨别方向。晴空时日月星辰的位置和轨迹都十分清晰。

多项实验和观察证明，鸟类也会利用太阳在空中的位置辨别方向，因此发展成"太阳定向"理论。20 世纪 50 年代时，德国马克思·普朗克研究所的古斯塔夫·克雷默（Gustav Kramer）发现，笼养的紫翅椋鸟如果白天能看见太阳位置的变化，就能确认迁徙的方向，简单说就是它们获得了"太阳定向"所需的信息。即使因为季节变化导致太阳的位置发生偏移也能纠正过来，令人惊奇和不解。太阳定向能力是天生的，但是鸠鸽的雏鸟 3 个月大时才显示出这种能力。除鸟类外，一些鱼、蝶蛾、青蛙、蟾蜍、龟、田鼠、蝙蝠等动物也有太阳定向能力。在已知鸠鸽能够利用标志物定位的前提下，美国杜克大学的施密特－尼尔森（Schmidt-Nielsen）教授和康奈尔大学的威廉·基顿（William Keeton）教授

紫翅椋鸟常被作为实验对象来研究鸟类迁徙的奥秘。

给实验对象戴上雾面的眼镜，使它们能见度只有 20 英尺，不能利用标志物导航，观察飞行方向。结果显示，晴天时它们可以定位到鸽舍，阴天时方向感较差。在另一项实验中，戴上雾面眼镜的鸟被置于与当地时间相差 6 小时的人造光源系统中。这些实验对象被放飞后，它们向与目的地鸽舍呈 6 小时时差偏移的方向飞去。

端足目和海生蠕虫等无脊椎动物活动受月亮潮汐规律影响，但是鸟类没有所谓"月亮定向"能力。月相不断变化，每天都比前一天早 1 小时，不适合用来定向。研究者还发现，月光会对鸟类产生干扰。比如凸月直至满月时，绿头鸭靠星象定向的准确度

比平时低。

我的天文学知识充其量仅限于知道大熊星座和猎户座，但很多年轻人，尤其千禧一代，旅行时会用星座导航。鸟类很可能也是如此，它们可以利用璀璨的星空指引行程。我认为，能称作经典的实验必须简明巧妙又不失说服力，比如1957年德国鸟类学家弗兰兹·绍尔和艾琳诺·绍尔夫妇（Franz and Eleanore Sauer）设计的天文馆实验堪称经典。迁徙季节绍尔博士把一批林莺关在笼子里，每晚在林莺的迁徙兴奋期，把人造夜空变成它们即将迁徙方向300英里外的样子，结果林莺跟着人造夜空从地中海"迁徙"到非洲。这是第一次直接证实鸟类有"星辰定向"能力。之后的实验又通过控制实验对象的年生理节律，使它们从生理上做好向南或向北迁徙的准备。这时再把它们置于人造星空下，结果鸟儿果然表现出依照生理节律迁徙的行为。实验证明，即使利用非自然光源改变鸟类的生物钟，也不影响它们的星辰定向能力，但会影响它们的太阳定向能力。后来的实验又证明，鸟类似乎是根据星团的形状定向，追随它们在夜空中的移动轨迹，而不是根据单个星体。利用太阳和星辰定向的过程需要学习和积累观察经验，否则无法有效率地利用。

雷达出现以前，科学家们使用望远镜记录满月时飞过月亮正面的鸟类，以此研究夜间迁徙规律。有时通过剪影就能确认种属，飞行高度也能计算出来。1952年的一个夜晚，1400名观鸟者和宇

鸟群飞过月亮正面。

航员在北美 265 个不同观察点共观察到 35400 只鸟类飞过月亮正面，相当于每个点平均 133 只。这个数据量并不大，也不能精确描述迁徙模式，但肯定了夜间迁徙现象。

地磁场力

鸟类学家很早就知道鸟类能利用某种磁场来导航。18 世纪著名的催眠医生弗兰兹·梅斯梅尔（Franz Mesmer）声称，动物可以产生一种"动物磁力"，该词后来发展成"机体能力场"等其他似是而非的概念。没有证据证明微弱的磁场能对人体产生影响，但是鸟类呢？马上揭晓。

12 世纪末的英国学者亚历山大·内克姆（Alexander Neckam）

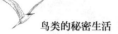

是首位证明磁针受地磁场磁力作用的人，指南针就是基于这一发现被逐渐发明出来的。如今我们知道龟、龙虾、鲑鱼、鸟都能利用地磁场导航。20 世纪 40 年代，地磁场对鸟类影响的研究没有得到重视，直到后来德国法兰克福科学家沃尔夫冈·威尔兹克和罗斯维塔·威尔兹克夫妇（Wolfgang and Roswitha Wiltschko）用欧亚鸲证实，即使在笼中且看不见天空的情况下，鸟类也能利用磁场正确导航。当人为将磁场改为反向，鸟也随之定向到相反方向。

20 世纪 60 年代，威廉·基顿博士设计了一系列很巧妙的实验，包括在鸠鸽离开鸽房之前在其背后安置磁条（他在实验对照组的鸟身上安置了无磁力的铜条）。在阳光下时，两组鸟都能正确找到鸽笼。但阴天时，背后有磁条的鸟定向出现问题，而对照组的鸟则能继续顺利定向。基顿推测，磁条影响了鸟类根据地磁场定位的能力。康奈尔大学的查尔斯·沃尔科特（Charles Walcott）教授在此基础上，又在鸠鸽头部安装了能制造小范围均匀磁场的亥姆霍兹线圈（Helmgoltz coil）。在阴天时打开线圈，鸟类的飞行方向就完全由线圈的磁场决定了，但晴天的时候线圈不起任何作用。

鸟类会利用地磁场定向，但具体感官机制如何作用呢？很多动物的大脑或颅神经中都含有磁石，这是一种含磁铁的矿物质。部分动物的嗅觉神经中也有，如鳟鱼、海龟、蝾螈、一些鸟类。鸟类体内的磁石晶体位于上喙右侧的视觉神经一带。研究显示，给鸠鸽右眼戴上雾化镜片会影响其导航能力，给左眼戴上则几乎没有影响。而且晶体的作用似乎只是感知磁场强弱，并没有专门的感觉器官负责辨析。所以地磁场的方向似乎是鸟类靠天生的内置"指南针"感知到的。已知鸟类瞳孔视锥细胞中的紫外线色素（隐色素）可感知地磁场，但这种色素究竟是确定磁场方向还是磁场强度，仍然未知。

嗅觉

妈妈的千层面、奶奶的烙饼，爱吃的食物光是提到名字，我们就仿佛能闻到味道。声音和经历过的场景能给人留下印象，味道也能。不过，我们记住的不仅是美味。我小时候坐我叔叔的车时他不小心撞死了一只臭鼬，所以我现在闻到臭鼬的味道就会想起那次事故。

鸟类的嗅觉导航能力已经得到学术界的普遍认可，但在1973年以前还无人问津。一名意大利研究人员提出了"嗅觉假设"，他认为鸠鸽能把周围环境制成一幅"气味地图"，在外面时就靠着气味返回鸽舍。基于该假设，研究人员先后让鸠鸽在顺风和逆风的陌生环境中返回鸽笼，结果顺风时，它们果然更容易定位。目前尚无法解释鸟类如何在较远距离外，且在风向和气味都时时变化的情况下利用"气味地图"定位，但可以确定的是，只需要两三种挥发气体足矣，它们通常都是人类产生的浓度较高的

化合物。

　　我几次远洋游轮旅行，几乎没看到海鸟。它们一般集中在海岸附近。受地表径流和地面风的双重作用，浮游植物富集在海岸附近，形成海里营养物质最密集的富饶区域。加州大学戴维斯校区的加布里埃尔·内维特（Gabrielle Nevitt）教授和同事证明，小型海洋甲壳纲动物磷虾取食浮游植物时会释放硫醚（一种化学物质）。海鸟闻到硫醚气味就飞来吃磷虾。硫醚的浓度通常几周内保持不变，呈现有规律的季节性变化，反映了海洋的地势。研究显示，锯鹱（一种小型海燕，主要以浮游生物为食）能识别出浓度极低的硫醚。这就证明，海鸟在大面积水域上空翱翔时可能依据化学物质的分布辨别方向。

超声波

　　人耳无法听到的声音称为超声波，下限是 20 赫兹，包括一些海浪（平均频率 16 赫兹）、远处的风暴、地震波等。但鸠鸽能听到低至 0.05 赫兹的声音。早期有实验对鸠鸽播放低频超声波，同时对其进行温和电击，训练条件反射。此后再对它播放低频超声波时，可以检测到其心率升高，证明它们能听到超声波，并对电击刺激形成条件反射。但在野外时，鸟类需要一个"声音地图"把环境中的标志物与来自环境中的声音对应起来。

　　微震指由海浪等自然现象引起的微小的地面震动。由于海水运动是持续的，能在全球范围内不间断产生亚低音波。海水范围太广了，鸟类无法依靠亚低音波定位；但是亚低音波经山川、河流、大型建筑物等表面反射后可以形成"微震地图"。鸟类或许可以根据地面标志物的反射波及视觉信息共同定向。

我有个邻居爱好赛鸽。他们比赛时把一群鸽子带到很远的地方放飞，看哪只最先回到家。赛鸽腿上绑有电子鸟环，电脑可以远程监测它们到达的时间。我曾问他每场比赛有多少鸽子走失，得到的结果是40%左右。我怀疑没这么高。1997年英国皇家赛鸽协会（Royal Pigeon Racing Association）百周年庆典时举办了一场大型比赛。6万多只家鸽参加了比赛，它们从法国西北部的南特（Namtes）出发，飞回位于英国南部的鸽舍，全程400多英里。按计划，它们大概黄昏左右完成比赛，实际上只有10%飞了回来，90%都走失了。同年和次年，大西洋沿岸也举办了类似比赛，损失同样惨重。有人推测，比赛时附近飞过的超音速飞机产生的锥形冲击波可能干扰了鸟类捕捉超声波信号。目前尚无确切证据，但是轮船行驶时发出的噪音也会干扰鲸鱼之间的沟通，是类似的道理。

5. 固定迁徙路线及其风险

北美有4条主要迁徙路线：大西洋路线、太平洋路线、密西西比路线和中部路线，分别指沿东海岸、西海岸、密西西比河和落基山脉东部迁徙，但是具体界限没那么清晰。雁、鸭、天鹅及

鹤等以家族群为单位迁徙的鸟普遍沿固定线路迁徙，所以这四条线路被用来制定水鸟捕猎管理规定。加利福尼亚州萨克拉门托谷的北部位于太平洋路线上，是大量水鸟和其他鸟类的越冬地。有一年我幸运地选了个好位置，刚好碰上一大群白额雁在我周围降落，距离近得我能感觉到它们翅尖带过的风，能听见风中的鼓翅声。

北美水鸟的迁徙路径

世界上其他主要迁徙路线包括：黑海 - 地中海路线、东非 - 东亚路线、中亚路线、东亚 - 澳大利西亚路线等。这些路线都跨越赤道延伸到南半球，但鸟类会在沿途不同地点停下。这些路线相当于迁徙途中的高速公路，鸟类具体选择哪条路径并不一定，所以明确区分北美或其他各大洲的迁徙路线都不切实际。

与水鸟相比，鸣禽更多在东西方向上迁徙。目前唯一能确定的是鸣禽在北部繁殖，到南部越冬，有些物种喜欢沿特定几条迁徙路线，也有些物种没有偏好，只有大致的路径。但每只个体通常从始至终选择固定的路线。飞过一次它们就能记住路线的大致情况、途中的停歇点、潜在的危险等，往后每年都选择这条路线。

上亿年来，迁徙的路线随着陆地、水道、停歇点的地形变化而不断改变，给鸟类提供充足的栖息地、食物，并使其免受捕食者的侵害。有些鸟类的迁徙路线比较随意，而有些如红腹滨鹬和紫滨鹬，则一直沿着海岸线。向南迁徙的鸟类通常在北部的繁殖区域分散，且分布范围很大。但受陆地面积和栖息地条件限制，从不同地点出发的不同个体和种群，最终通常汇聚到一起。东王霸鹟繁殖地范围从纽芬兰到英属哥伦比亚，横跨约2800英里。向南迁徙途中，这个跨度逐渐变窄，到达佛罗里达州至巴西的里奥格兰德河河口段时缩小为900英里，再往南至墨西哥尤卡坦时只剩400多英里。

近200年来，人类人口急剧膨胀对沿传统路径迁徙的鸟类产

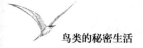

生了巨大影响。比如，虽然美国政府对捕猎的季节、数量有明确限制，到了墨西哥和中南美洲后，候鸟面临的危险又变大了。（当然，也有少数例外，如中美洲的哥斯达黎加于 2012 年起全面禁止猎鸟，成为第一个颁布此类法令的拉美国家。）阿根廷对猎鸟管理很宽松，每年约有 7000 多美国人和欧洲人前往阿根廷猎鸟。我自己就在玻利维亚遇见过两个美国猎人，兴高采烈地给我介绍他们近两天的丰收。跨大西洋的亚得里亚海路线上无节制猎鸟情况相当严重，有两家公司公然进行以食物为目的的商业捕猎，出口到意大利。地中海一带的塞浦路斯岛每年迁徙季都会迎来上亿只候鸟，其中有 1/10 的鸟却被雾网困住、被树上的胶水黏住，成为人类的盘中餐。还有更多像塞浦路斯这样，原本是环境安全、资源充沛的停歇点，却逐渐消失，或者反而变成了龙潭虎穴。

据统计，至少有几十种鸟类的迁徙路线和迁徙时间发生了重大改变。如白颊黑雁的繁殖地向南移动了 800 英里。越来越多的崖沙燕飞来非洲的维多利亚湖越冬，冬季崖沙燕以沙蝇为食，而以沙蝇为食的鱼数量降低，导致了沙蝇数量增加，供崖沙燕享用。黑顶林莺在欧洲、亚洲和北非很常见，20 世纪 50 年代以前，它们很少在英国越冬，更常飞往南欧和非洲一些地区。但到了 20 世纪 90 年代，数千只（相当于欧洲种群总数量的十分之一）在欧洲繁殖的黑顶林莺冬季开始出现在西北方向的英国。德国科学家彼得·伯特霍尔德（Peter Berthold）的团队在德国笼养了一些在英

迁徙中的白颊黑雁

国越冬的黑顶林莺，等到他们将黑顶林莺的子代放飞，结果这些子代没有像典型的黑顶林莺一样飞往欧洲大陆栖息地，而是飞向了西北方向。该实验首次证明迁徙行为中存在遗传变异。

文化演进也对迁徙路线有影响——某个物种中一些个体改变路线，其他个体也会跟着改变。雁、鹳、鹤等个体寿命较长的物种里通常有一些年长的个体带领整个群体，如果人类数量增加导致它们迁徙途中的环境发生变化，领头的个体就可能会改变路线。一直以来，环境都在影响着迁徙模式，未来也会继续影响，唯有成功适应不断变化的环境，鸟类才能成功活下去。

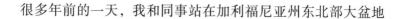

很多年前的一天，我和同事站在加利福尼亚州东北部大盆地

沙漠边缘地带的一棵桧树下聊天。可能聊的是什么世界大事吧，我已经不记得了。但我还记得当时头顶栖息着一大群准备向南迁徙的双色树燕。聊着聊着，我伸出手，刚好有一只双色树燕死了掉下来，落在我的掌心里。我感到很悲伤。我想，在这样一个温和的夏季，甚至迁徙还没正式开始，就有一只个体没能活下来，等这群树燕真的踏上迁徙之路，又有多少个体能完成往返的旅行呢？很少。生于北半球的双色树燕有 79% 活不过第一年，很多无疑死在迁徙往返的途中。但是也有鸟类经受住了考验，克服途中一切艰险，繁衍了下来。所以迁徙应该自有其道理吧。

五、风雨暑寒
—— 鸟类如何应对天气变化

> 十月在狂风暴雨中结束了，十一月却更冷，冷得像冻住的铁，风刀霜剑紧逼着露在外面的手和脸。
>
> ——J.K. 罗琳（J.K.Rowling），《哈利·波特与凤凰社》
> （*Harry Potter and the Order of Phoenix*）

鸟类的命运掌握在天气手中。鸟的很多解剖学结构和生理学特征，包括身体尺寸、翅膀和腿的长短、喙的形状、脂肪代谢、羽毛颜色、盐分代谢、呼吸速率、红细胞含量等，有部分是随气候变化而演化的结果。当环境变化引发不适时，鸟类会出现很多症状，如水分从皮肤和呼吸系统流失、喘息、打抖，舌头和喉咙发出颤音，毛细血管收缩或舒张，找地方乘凉，单脚抬起、展翅、抖动羽毛等。人也会有类似反应，但人有暖炉有空调，有各种先进的设备对抗恶劣环境。一般情况下，鸟类所处的物理环境变化不会太剧烈，除非有极特殊的情况。空气、土壤、地质基底的成

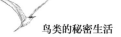

分稳定，光周期每年变化规律几乎一模一样。唯一可能发生剧烈变化的就是天气。鸟类经过长久的演化，某种程度上已经可以适应天气的反复无常，但极端恶劣的天气依然会威胁生存。2012年英国最常见的24种鸟中有23种差点没挺过繁殖季。据皇家鸟类保护协会报道，五六月连续的暴雨冲垮了鸟巢，也很难找到昆虫。只有乌鸫数量有所增加，推测原因是它们主要以栖息在地面的蠕虫和小型生物为食，而这些动物在大洪水中幸存下来了。同年，加利福尼亚州奥杜邦协会称，由于连续三年严重干旱，中央山谷地区作物歉收，以此为食物和居所的啮齿类动物数量剧减，进而导致90%～95%以啮齿类为食的鸢繁殖失败。阿根廷的企鹅雏鸟也因为暴雨、暴雪、酷暑等复杂交织的气候变化伤亡惨重。科学家从1983年到2010年持续监测旁塔汤布岛（Punta Tombo）3500只南美企鹅的栖息地，这一地带以前气候温和干燥，但是近13年来降水过量，天气也异常寒冷。企鹅雏鸟的绒羽能够在干燥环境中御寒，却并不防水，所以近一半的雏鸟在湿冷的环境中死去。

想了解鸟类如何应对自然界的挑战，唯有到它们的自然生存环境中去。为了研究坦氏孤鸫的领域行为，我曾在加利福尼亚州北部的野外度过了好几个冬季，因为这种鸫科从11月至次年3月都待在海拔5200英尺高的生长着桧树和灌木的栖息地。它们以桧树的浆果为食，偶尔捕食昆虫幼虫，越冬的关键是防止浆果被其他孤鸫和旅鸫抢去。为了守护食物，坦氏孤鸫站在树尖，在风刀

坦氏孤鸫在巡视领地。

霜剑中岿然不动，还不时鸣叫宣示领地。要进食时，它们跳到较低的树枝或地上，吃完马上又回到树尖。它们守着食物，我就守着它们度过了4个冬季，然后带着满满的数据回去——轮到科学分析登场了。

　　我的数据显示：在桧树浆果稀缺的年份，坦氏孤鸫和旅鸫都表现出明显的防御行为，都会建立领地，并且鸣唱、鸣叫，以及驱逐入侵者。而在浆果丰收的年份，坦氏孤鸫几乎不怎么防备同类和旅鸫。这两种鸟都只是在附近无明确界限的范围内走动、随心所欲地吃果子。食物充足的情况下再浪费体力防御领地只会带来意外，增加暴露给捕食者的概率。相反，食物紧缺时保卫领地就变得十分必要，尤其到了冬季，一丁点能量都可能成为能否活

过夜晚的关键。类似的防御与挣扎无时无刻不在上演，天气随时可能构成对生存的挑战。

1. 调节体温

人在一定的温度范围内才感觉舒适，超过这个范围就会流汗或打寒战，这个范围称作"热中性区"（TNZ）。当温度在热中性区范围内时，我们的基础新陈代谢率稳定，各种生化进程都处在最优状态。超过这个范围，鸟类和哺乳动物都需要消耗额外能量御寒或散热。不同地区的人（在某种程度上）能从生理上适应不同的温度区间。比如 0°C 左右的气温对北达科他州的居民没什么，但加利福尼亚州的人就会大衣耳罩全副武装。鸟类也可以适应一定范围内的温度变化，所以它们的热中性区也会随季节、纬度和当地具体情况而变化。总体上说，寒冷地区的鸟类热中性区比住在温暖地区鸟类的大，大型鸟的热中性区比小型鸟大。比如，智利和阿根廷的小小的绿背火冠蜂鸟的热中性区是约 13°C～28°C，非洲中部和南部的鸵鸟是 10°C～50°C，而后者体重是成年人的 2 倍。美国西南部沙漠地带的黑腹翎鹑体重只有 6 盎司，它的热中性区是 30°C～44°C，而南极的阿德利企鹅则是 −10°C～20°C。

我们常说哺乳动物和鸟类是温血动物，这个说法其实有误导性。沙漠鬣蜥常常停在岩石上晒太阳，吸收大量太阳能后它的体温可以升高到 46°C。但即使血液温度可以升高，蜥蜴还是属于冷血动物。所以更准确的叫法应该是恒温，即不管环境温度如何变化，体温保持相对恒定，如此一来，鸟类和哺乳动物才能渡过极端天气。维持恒温需要一个复杂的机制来保证体内环境的稳定。冬季，恒温动物需要产生更多热量以弥补寒冷环境中流失的身体热量，如此一来，它们就必须提高自己的基础代谢率。针对小型鸟类的研究表明，黑顶山雀的基础代谢率在冬季将提高6%，北美白眉山雀提高17%，林山雀提高22%。而冷血动物的体温随周围环境变化，所以它们也叫变温动物。变温动物只能偶尔甚至根本无法在寒冷环境中生存，因为低温环境下基础代谢率过低，动物会丧失活动能力。北极圈内只有极少量的两栖动物和爬行动物，南极压根没有。

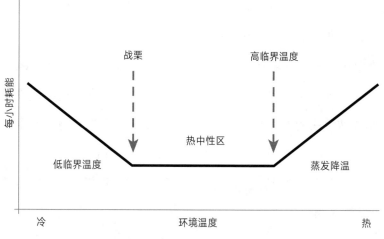

每种鸟类都有自己的热中性区，这个范围很大程度上决定了鸟类的地域分布。

但恒温动物也不能无限适应。尽管食物、捕食者、筑巢点、竞争者等变数都会左右某一地区的鸟类数量，但气温（以及影响稍小的其他气象因子）仍是决定物种分布范围的最根本的因素。

伯格曼法则和艾伦法则

越寒冷的地区恒温动物体型越大，这个规律叫作伯格曼法则（Bergmann's Rule）。随着体型增大，体积比体表面积增幅更大。身体产生热量，体表散热，所以体型越大产生的热量比例相对越高，流失的热量比例相对越低。有时候产热过多是个问题，所以大象的耳朵特别大，它们可以扇动耳朵来散热。同理，蜂鸟也鲜少生活在寒冷的环境中，它们体型过小、热量流失过快，新陈代谢速度跟不上。以色列特拉维夫大学的梅里（Meiri）教授和达扬（Dayan）教授对全球 94 种鸟类进行了研究，发现 72% 遵循伯格曼法则，其中留鸟比迁徙鸟比例高。比如，同样是绒啄木鸟，生活在美国东北部的不迁徙的种群比生活在佛罗里达州南部的种群体型大 10%；不迁徙的冠蓝鸦和白胸鸭种群也有类似规律。留鸟和迁徙鸟之间的差别很容易理解，因为如果某种鸟终身生活在一种环境中，必须与当地环境极度契合才说得通，而每年只有部分时间待在这个地方的迁徙个体就不需要了。所以可以想见，75% 的蝙蝠也遵循伯格曼法则。

艾伦法则（Allen's Rule）认为，在高海拔、低温环境中生活的恒温动物，附肢（四肢、外耳、口鼻）有变短变小的趋势，因为附肢越长损失的热量越多。莱斯布里奇大学（the University of Lethridge）的卡尔塔尔（Cartar）教授和莫里森（Morrison）教授与加拿大野生动物局（the Canadian Wildlife Serrice）共同研究了加拿大境内的北极圈范围内繁殖的 17 种滨鸟，发现环境越恶劣（衡量标准包括风速、温度、太阳辐射强度）鸟类的跗跖骨越短。研究者认为，这是因为暴露在寒风中的腿部会流失热量，需要额外消耗体力维持体温。英国利兹大学的纳兹（Nudds）和奥斯瓦尔德（Oswald）发现，43 种鸥和燕鸥在寒冷地区的个体腿部未被羽毛覆盖的区域更短，这与上面的研究结果类似。

随着科学家发现巨嘴鸟的喙具有温度调节能力，艾伦法则进一步得到证实（后面我们会继续介绍）。墨尔本大学的研究者测量了全球范围内 214 种鸟喙的长度，发现喙的尺寸与海拔成负相关——海拔越高喙越短。之前对鸟喙的研究重点在它的形状对进食的影响，很少考虑它在温度调节方面的作用，所以这一发现可谓是巨大突破。研究人员进一步总结：喙越大热量流失越多，所以寒冷环境中的鸟的喙偏小。热成像证明，喙表面积大小可以影响热量流失，表面积大的喙会比表面积小的喙多散失 33% 的热量。比如干燥地区的歌带鹀比潮湿地区的歌带鹀喙表面积更大，因为干燥地区较热。目前这个法则的例外只有澳大利亚的草鹀。这几种鸟以种子为食，觅食压力比维持热平衡压力更大，所以自

然选择的结果倾向于满足觅食需要。

应当注意的是，生存演化并非都是整齐、有规律的过程，所以伯格曼法则和艾伦法则只是经验法则，它适用于许多情况，但也不乏例外。比如黄林莺，它的繁殖区域从加勒比海远至南极，所以它哪种法则也不遵循。

2. 调节热平衡

从整体上看，热压力（体温过高）比冷压力（体温过低）对鸟的影响更大。家禽养殖业一个普遍的难题就是温度控制，环境温度过高将导致禽类体重下降，蛋的重量下降，肉质变差。野生的鸟类也要面临类似问题，全球变暖更是增加了这个压力。2009年1月，西澳大利亚州的卡那封市（Carnarvon）气温达到45°C，导致上千只鸟被热死，其中大部分是鹦鹉。次年，气温达到约48°C时，208只黑凤头鹦鹉被热死，而它本来就是濒危物种。如此高温会让一只小型鸟迅速脱水，每小时体重下降5%，过不了几个小时就无法存活了。

鸟类在外形和生理上也演化出了一些机制，起码在一定温度范围内不至于太有生存压力。而且当环境温度逼近生理极限时，它们还有一些特殊的行为增加存活的概率。下面是一些适应热环境的机制。

通过喙散热　巨嘴鸟的喙本来就特殊，2009年红外热成像揭示了之前未知的功能以后，更使其成为研究的焦点。巨嘴鸟主要生活在南美洲的热带地区，喙长且鲜艳，适合食用水果和抓捕小型动物，最新研究显示，喙还有散热作用。长喙的表面积占到了整个身体表面积的一半，表层覆盖着血管，无皮肤或羽毛遮挡。飞行时由于代谢速率提升，产生的热量比平时多10%～12%，在气温较高的热带环境中，喙成了最重要的散热渠道。巨嘴鸟在休息时常把喙收到一侧的翼下面，并用尾羽盖住以减少热量流失，这也证明了喙有散热功能。巨嘴鸟的散热器官与身体比例是所有

巨嘴鸟的喙被发现是一个散热器官。

动物中最高的，甚至比大象的耳朵与身体的比例还高。

通过皮肤散热 人出汗时，如果有风把皮肤上的汗吹走就能感觉凉快一点。鸟没有汗腺，但它们皮下能储存水分，这部分水分散发出去也能起到降温作用。具体的散热效率与皮肤厚度、脂肪层厚度和血流量有关。鸟类皮肤的脂肪（脂质）层有双重作用：在中性温度环境中能降低热量流失，在体温过高情况下又能加速散热。很多小型鸟类靠皮肤散失水分，以维持在热中性区范围内。如黄头金雀，它通过皮下水分散失的热量占到全身热量流失的50%～65%。这时如果环境温度继续升高，从呼吸系统（包括肺和气囊）流失的水分也能起到重要的调节作用。澳大利亚中部的姬地鸠栖息在干旱的沙漠中，水资源有限，想要觅食就得直面酷暑，没有遮阴。为了生存，姬地鸠的体温能随环境温度升高，但仍保持在热中性区范围内，有点类似骆驼耐热的原理。身体储存热量的能力越强，对消耗水分散热的需求就越低。等夜晚气温降下来以后，也就不需要消耗那么多水分来散发体内过多热量了。

避免过热 很多鸟类观察者都知道，最佳观鸟时段是早晨和黄昏，正午最差。玻利维亚、乌干达等赤道地区的鸟类，中午几乎不活动，因为气温太高，湿度太大，任何大幅度的运动都有危险。相反，寒冷地区的鸟类活动相对活跃，需要吃更多的食物补充能量，觅食时消耗的能量也能帮助产生热量。

热气喘与外咽扑动 易受热压力影响的鸟类还可以通过热气喘

（即提高呼吸速率和增加吸入呼出的气体）来散热。体内水分充足时，鸣禽利用皮下水分流失来散热。当体内缺水时，则转换到利用呼吸系统排水来散热；如果散热仍不够快，鸟类就会开始热气喘。热气喘时，鸟类呼吸速率能达到平时的16～27倍。这时如果热负荷继续增加，一些非鸣禽（不会鸣唱的鸟类）还能通过外咽扑动来散热。会外咽扑动的鸟类，它们的咽喉或者下颌底部到喉的颈部不生羽毛或者羽毛可以忽略，也就是说，这部分的皮肤是裸露的。它们利用舌骨和肌肉使口腔底部和喉产生振动，加速从裸露的皮肤处散热。滨鸟类物种，如鹈鹕、鸬鹚、蛇鹈、鲣鸟和军舰鸟，外咽扑动很普遍，一些不飞行的鸟，如火鸡、雉和走鹃也有这种机制。这些鸟体型大，产热多，很容易热量过高，外咽扑动十分必要。具体振动频率从235次每分钟到735次每分钟不等。有些鸟类热气喘的同时，外咽也扑动，如鸮、家鸽；也有分开进行的，如鹈鹕、鸬鹚。区别可能在于鸟类的咽喉大小，外咽小的鸟类热气喘时可能还会带动咽喉振动，即两者同时作用；还有一种非同时作用的物种，通常咽喉部大，需要单独控制热气喘。热气喘非常消耗体力，流失的水分也多。为了保存体力、避免水分过度流失，鸟类一般选用效率更高的外咽扑动。还有一些特殊的方式。例如，和尚鹦哥会振动舌部，也就是舌头随着呼吸振动。此外，泄殖腔也能散热，但可能是一种紧急措施，因为只有在环境温度特别高的情况下才会发生。环境温度达到42°C时，印加

地鸠21%的热量都是通过泄殖腔散出。

乘凉 人感觉热的时候，会找个阴凉地扇扇风、喝口水、等着微风吹过，或者干脆去游个泳，鸟类也有类似行为。最需要降温的要数在沙漠栖息的鸟类。内盖夫沙漠（Negev Desert）的原鸽在炎热的天气里会寻找岩层之间的阴凉处，找到以后它们会双翼展开，背部的羽毛直立，最大限度地从背部散热。美国与墨西哥交界处的索诺拉沙漠（Sonoran Desert）干旱炎热，这里的鸟类在每天最热的时候停止觅食，躲在树洞里乘凉，减少暴露在高温中的机会，尽量减少水分流失。在非洲东部和南部的矮草丛中生活的冕麦鸡感到热时会站在巢中，伸展双翼，增加被风吹到的面积。

鸬鹚外咽扑动。

这样做的同时能起到给鸟蛋遮阴、防止过热的效果，但是首要目的还是给自己散热。北非的阿拉伯沙漠（Arabian Desert）终年无雨，夏季平均湿度仅有15%，在这里生存的戴胜和凤头百灵经常要忍受45°C的高温，地表温度更是高达60°C。为了避暑，凤头百灵只在清晨和黄昏觅食，其他时间待在灌木的荫蔽处。每天最热的时候它们就钻到埃及刺尾蜥洞里，把顶层沙子刨开，胸和颈紧贴地面降温，这样做能减少81%的水分流失。它们还可以把基础代谢率调低40%以减少从皮肤和呼吸系统流失的水分。筑巢季节早期气温相对不高，这时凤头百灵通常将巢建在空地上，而随着气温升高，再筑巢，大部分就都在灌木丛中或树荫下了。

支起羽毛，抖散羽毛 鸟类有一项特殊的技巧叫竖羽，羽毛竖起的位置不同能起到增强或减弱热量流失的作用。身体上羽毛高高竖起时，皮肤裸露在空气中，流向皮肤的血液量增加，使皮下水分流失加快，促进散热。澳大利亚冠翎岩鸠生活环境干旱炎热，每年有一半时间，即使在树荫底下气温也高达约38°C。为了生存，岩鸠新陈代谢率非常低，常提高体表温度并竖起羽毛加快皮下热量散出。大滨鹬在澳大利亚北海岸越冬，迁徙回北极前会增加脂肪含量储备能量，但这样做的副作用可能是在高温环境中体温过高。为了避免过热的压力，它们竖起背部的黑色羽毛，降低对太阳辐射的吸收，同时加快皮下散热和对流散热。除了竖起羽毛，有些鸟类还会把羽毛弄平，让羽毛紧贴皮肤，减少皮肤和羽

凤头百灵享受清晨难得的凉爽。

毛间的空气，形成隔离一样的效果，美国西南部和墨西哥的弯嘴嘲鸫就有这种习性。大军舰鸟还有三种特殊的散热姿势，与外咽扑动互相配合散热：当热压力最小时，身体各处羽毛竖起；随着气温升高，双翅低垂；最热的时候，双翅展开，最大限度地散热。据说，以色列最南端的黄喉蜂虎为了降温会潜进红海和高盐度的水里，上岸后再张开双翼站在枝头吹吹风。但是有时候会被水浸透，不得不张开双翅在岸边先晾一会，等干了再飞。有时，晒着晒着就被鲨鱼吞下去了。

尿液降温 这是一种用排泄物将腿部打湿来降温的特殊方式，基本原理就是往腿上喷水，靠蒸发散热。红头美洲鹫使用这种方式降温，它们排泄时双翼张开，头颈向前伸展，但说白了就是往腿上排泄。加上吃腐肉，它们是名副其实的臭了。几年前，一位研究人员发现有几只腿部有鸟环的美洲鹫因为粪便堆积在鸟环处导致化脓，此后美国和加拿大环志局就全面禁止给美洲鹫绑腿环了。用尿液降温并不常见，因为必须保证随时有饮用的水源。但还是有一些鸟采用这种不卫生的散热方式，如美洲鹫、鹭、神鹫、鹳、北鲣鸟和鲣鸟。

羽色 浅色羽毛比深色羽毛对太阳光的反射率高，所以在炎热的环境中生存的鸟羽色偏浅。银鸥在空地上筑巢，孵化时无法离开鸟巢乘凉，时刻被日光暴晒，它们就转动身体，把羽色最浅、反射率最高的一面正对太阳。既然这样，为什么炎热的环境中生存的鸟类不直接长纯白的羽毛，或者起码都是浅色的？因为羽色是由一系列复杂的原因共同决定的，包括体型大小、羽毛在飞行中的功能、皮肤和羽毛的微观结构、环境温度范围、迁徙习性、羽毛在社交和繁殖时的作用、羽色对捕食者的能见度等。此外，根据格洛格氏定律（Gloger's Rules），在湿润环境下生存的鸟和哺乳动物比在干燥气候下生活的同种个体羽色或毛色更深，这个矛盾让问题更复杂了。比如，同样是太平洋沿岸，从南加利福尼亚州沙漠地带一路向北至潮湿凉爽的西北太平洋森林，歌带鹀的羽色越来越深。落基山脉和美国中西部的家麻雀羽色也有同样规律，从南到北羽色越来越深。事实上，北美90%的种类都表现出

这种特性。这可能是因为，在潮湿的环境下，羽毛细菌更多，而棕黑色的黑色素可以增强羽毛对细菌的抵抗力。而在干燥、明亮的环境中，浅色的羽毛有利于隐藏。

3. 抵御严寒

天气寒冷时人用各种衣服御寒，像高筒靴、毛皮大衣、毛衫、保暖秋衣秋裤等，但鸟类什么都没有。光是看着雁坐在冰封池塘上、滨鸟顶着寒风在泥滩里觅食、鸥在暴雨中飞越寒冬的巨浪，我都觉得冷，但是它们自己好像在机体、生理、行为上更耐寒而不是更耐热，而这不仅是因为一些鸟能够在冬季迁徙去热带越冬。

1910 年至 1913 年，罗伯特·斯科特（Robert Scott）船长的南极探险队里有一位外科医生兼动物学家乔治·默里·莱维克（George Murray Levick）。虽然斯科特船长不幸遇难，莱维克博士却幸运地活了下来，并且保住了自己的探险日志，里面记录着阿德勒企鹅的交配行为。他当时被企鹅种群里的同性交配、强迫交配，以及与雌鸟尸体交配等性行为惊呆了，他认为这是"道德败坏"的行为，所以选择用希腊语记录，只让少数"受过良好教育、有独立判断能力"的人看得懂。而一部分"道德败坏"行为的成果就是小企鹅幼鸟了，著名导演吕克·贝松（Luc Besson）的电影《帝企鹅日记》（*March of the Penguins*）里能看到这些小家伙。电影里南极刺骨的寒风猛烈抽打着毛茸茸的企鹅幼鸟，也抽在观众的心上：这么弱小的生命如何在恶劣的环境下存活？白眉企鹅和纹颊企鹅雏鸟，在破壳15天后保温层初步长成，其具备极佳的隔热效果，但在此之前需要亲本的照顾；而在约25天后保温层完全长成，就足以应对猛烈的寒风了。企鹅的羽毛又短又硬，不像别的鸟分区分片，而是全身上下一样，层层叠叠如屋顶的瓦片。风吹在羽毛上不但不能把它们掀起来，反而能把它们压得更紧实，增强御寒效果。实际上，风越凛冽企鹅幼鸟越觉得暖，羽绒的隔热能力足以应对寒风，而且狂风中隔热效果甚至比微风时提高了136%～178%。成鸟游泳时，最外层的羽毛被水压得紧贴身体，既隔热又符合流体动力学。里层羽毛比表层更小，形成类似小气囊的结构，进一步增强隔热能力。

冬季来临前，许多鸟提升体脂率以储备能量，增强御寒能力，同时绒羽增多，增加体羽厚度。有一种生活在偏北部寒冷地区的欧绒鸭新增的绒羽能提高体羽25%的御寒能力。等到冬季结束、繁殖季来临，它们就用脱落的绒羽筑巢。维京人就是受它们启发，远洋时用绒鸭绒填充被褥。现在世界上唯一还在使用野生绒鸭绒羽的国家是冰岛，但也是在绒鸭育雏期结束之后再从巢中采集它们的绒羽，每年出口量只有一小车，所以绒鸭绒被褥价格特别高。亚北极、欧亚北极和北美有一种雉鸡——岩雷鸟，冬季来临前增加的脂肪占体重32%，差不多在原本体重上增加了一倍，它们就靠脂肪和羽绒共同御寒。旅鸫在冬季来临时增加50%的羽毛，而

北美金翅雀的羽毛甚至能增加一倍。

有一次有人向我询问鸟类怀孕的问题。我思索了一下，反应过来他可能是见过隐夜鸫，这种鸟故意把自己的羽毛弄乱，显得体型大了一圈，好像怀孕的效果。前文提到竖羽可以增强散热，其实它也能减少热量流失。你肯定见过不少节日贺卡上画的皑皑雪景中一只毛茸茸的鸟立在枝头。羽毛微微竖起、裹住少量空气能形成多层羽毛层，提高 30%～50% 的隔热效果。但是雨天这个技能就有点尴尬了。实验室研究表明，雨天竖羽，雨水就会渗透进羽毛里，打湿皮肤，使体温下降。所以美洲隼雨天会把羽毛紧紧贴在身上。

红腹灰雀冬季不会增加体羽量，它们增加脂肪摄入也不是为了加强隔热效果，而是为了储备食物。鸟类白天要吃很多食物，以储备足够的脂肪抵御夜晚的严寒。气温越低，消耗的能量越多，

隐夜鸫为了御寒竖起羽毛。

需要花在觅食上的时间就越长，但是消耗体力积累脂肪，就得暴露在极端天气下，而且有被捕食者发现的风险，所以鸟类要平衡条件与需求。而且体重太大了飞得就慢，无益于逃跑。每一天，天气、竞争者、捕食者、食物供给都对鸟类生存构成了多方面的挑战。

能同时减少体力消耗又增加食物资源的策略就是建立领域。欧亚鸲的雄鸟和雌鸟冬季都建立领域，区别是雄鸟整年都占着相同的领域，雌鸟只在冬季建立一个临时的觅食领域。用鸣唱的方式宣示领域是重要策略，但是需要消耗能量。天亮时，体重较大的欧亚鸲比体重小的唱得更多。如果脂肪储备大部分都用来抵御夜晚的严寒，天亮以后就没有多余体力鸣唱了。同理，歌鸲夜晚鸣唱时间长短与纬度直接相关：纬度越高，气温越低，鸣唱时间就越短。

逆流热交换

通过呼吸循环散热在天热时很有用，天冷时就起反作用了，所以需要生理调节，以抵消反作用。无论人或鸟，吸入的冷空气经过鼻腔、咽喉、气管、支气管一路吸热，等到达肺部已经跟体温差不多了；呼出去时就是暖的气体。但鸟比我们特殊之处在于鼻咽腔有一个逆流热交换过程，能在呼气前回收部分热量。回收比例与环境温度和鸟的种类有关，最高的能达到80%，如企鹅。

喙是热量流失的重要源头，但它也是觅食的重要工具，所以

三趾滨鹬单腿站立。

喙的表面积是折中演化的结果；腿和趾的长度也是——腿长适合移动，但热量流失也多。我常给刚入门的观鸟者讲一个冷笑话，"为什么有的鸟要单腿站立？"答案是："因为不站立它就倒了。"等大家的抱怨声平息之后，我再揭示真相：鸟在休憩时把一条腿蜷缩在肚子下面的羽毛里，而只用单腿站立是为了减少热量损失，趴伏在地面或者浮在水面上时还可以把两条腿都蜷起来，三趾滨鹬就是典型。但有时候条件不允许蜷腿。所以雁鸭、鸥、鹬等一些鸟的腿部动脉和静脉演化出了逆流热交换机制。动脉和静脉在跗跖部分交织构成混合血管网络。组成跗跖血管网的血管数量不固定，少则 3 条动脉和 5～7 条静脉，如鸮；多则 60 条动脉和 40 条静脉，如火烈鸟。没有跗跖血管网的鸟类有 2 条静脉，其中一条紧紧沿着动脉一侧分布。从心脏出来的动脉血比经过肢体末端循环回到心脏的静脉血温度要高。所以动脉血会把部分热量传递到温度相对较低的静脉，保留部分热量循环回心脏，同时传递部分热量到腿和脚，以防肢体末端被冻伤。鸥和海鸽科有些种类的栖息地不同，动、静脉距离也略有差异，栖息地偏北的种类动、静脉距离较近。

逆流热交换效率非常高。雁鸭站在冰面上时虽然身体热量会流失，但从脚流失的热量只占 5%。腿和脚需要的氧气和营养物质都要靠血液输送，但只需要很小的血流量，因为下肢的肌肉主要

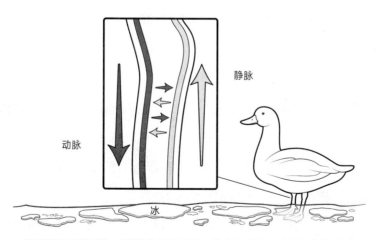

腿下部热量交换图解。在逆流热交换过程中，从动脉（左侧深灰色）流向脚部的血比从静脉（右侧浅灰色）流回心脏的血温度高，由高向低发生热传递。

集中在大腿，运动时靠纤长的跟腱驱动。当气温过低时，腿部的动脉开放几个特殊的瓣膜可以增加流向下肢的血流量，保证下肢不被冻伤。这个特殊的腿部血液循环机制还可以在气温过高时向腿和脚传送更多的血液帮助散热。

聚群取暖及其他御寒行为

除了生理和机体上的御寒机制，有些行为也可以抵抗严寒。南极企鹅的生存环境温度低至 −70°C，但是企鹅的脚从来不会冻僵。下肢的逆流热交换、脚部极少的肌肉量、腿部的羽毛都能够保暖，同时它们还会下蹲，用腹部的羽毛盖住脚面；或者向后倾斜，用尾羽和脚后跟保持平衡，前脚掌抬离地面贴在身体上。潜鸟和鸊鹈白天大部分时间停留在水面，为了御寒它们会伸出腿、抖掉上面的水，然后把一只脚或两只脚同时收到翅膀下。蜂鸟可以蜷缩身体，让绒毛比较厚的腹部羽毛盖住脚面。雀科的一些种类和部分鸣禽感到寒冷时就落到地面，蜷缩地蹲在脚上。滨鸟、鸥、雁鸭、鹭和其他一些鸟能够转过头把喙插在一侧的翅膀或肩羽下，有点像人用围巾把脸裹住。红外监测显示，鸟类的眼周是热量流失最多的区域之一，鸟类，特别是小型鸟类，在天冷的时候总把头插在翅膀下，一部分原因就是保暖。

鸟类还有聚群取暖的行为。有时甚至上百只的小鸭成群紧靠在一起，在树洞中过夜。加拿大寒冷的雪夜，二三十只双色树燕在电线上紧挨着站好，都把喙插在羽毛下。即使是一向独来独往的雪雁，降温时也选择跟大家靠在一起取暖。欧洲的北长尾山雀夜里紧挨着彼此排成一条线，甚至为了抢占靠中间的位置互相竞争，谁也不想站在最边上，因为边上热量流失更快。白头海雕也喜欢为这件事打架，气温越低竞争越激烈，但它们内部的等级结构可以制约这种争斗。印加地鸠是叠罗汉式聚集，最多可以 12 只一群、叠三层高，上面的鸟站在下面的身上，组成一个金字塔形取暖。企鹅也抱成一圈来应对南极的严寒，在气温约 −51°C、风速 100 英里每小时，最中间的企鹅体温可以达到约 21°C，这个群体比较友好，定时更换位置，大家轮流去到中间，提高整体的生存概率。

打湿身体会加速热量流失。蛇鹈（也叫蛇鸟、飞镖鸟、水火鸡）多栖息在温暖的浅水环境中。为了能迅速下潜，它们的羽毛不防水。虽然它们新陈代谢速率低，但它们水生的生活方式导致身体热量流失很快，所以它们离开水面以后会张开双翅、背对着太阳栖息，一面吸收热量一面把羽毛晒干。仅在纳米比亚的温带水域和南非西部分布的岸鸬鹚，觅食时能把体温降低 9 度，而且可以保持 1 小时，之后也靠晒太阳恢复体温。

有一部分普通鸬鹚在北极圈附近的格陵兰岛越冬，那里水温接近冰点，气温更是在零度以下。冬季北极处在极夜，它们无法在觅食后晒到太阳，那该如何生存？实际上根据现有研究，在所有水鸟当中，普通鸬鹚是觅食效率最高的，平均每分钟能捕捉 0.6

帝企鹅幼鸟聚群取暖。

盎司的鱼，也就是每小时 2.2 磅，所以它们每天只花 2% 的活动时间觅食、3% 的时间飞行。吃得多、休息时间长，足以将体温维持在热中性区。即使出太阳，它们也不会展翅晾晒。北极寒冷、潮湿、多风，如果翅膀张开晾晒反倒使热量流失更快。在世界另一端，与它们遥遥相望的南极蓝眼鸬鹚的行为与它们很类似。

不过日光浴在鸟类中还是很常见的。南非企鹅（以前被称为"笨企鹅"，因为叫声像蠢驴嘶鸣）每天太阳一出来就把黑色的背冲着太阳，先晒一两个小时日光浴再活动。绿鹭、鹭、鹈鹕、鸢、鹰和鸳等都晒太阳，但是只在环境温度低、羽毛浸湿的时候晒太阳。我们认为这是要吸收太阳光的热量，因为展翅还可能有其他

目的，如散热、晾干、利用阳光
杀灭皮肤上的细菌和寄生虫等。
在一项研究中，当科学家用杀虫
剂清理紫绿树燕栖息地里的虱子
和螨虫以后，紫绿树燕晒太阳的
时间减少了。日光浴能补充维生
素 D，但是鸟类有羽毛，阳光无
法直接晒到皮肤表面，所以它们
还有一套辅助的机制：尾脂腺和
羽毛的汗腺能分泌一种生成维生
素 D 所需的化学物质。梳理羽毛
的过程中，这种化学物质被涂在
羽毛表面，经过日光浴的紫外线
照射就能转化成维生素 D，再次理
羽的时候鸟类就可以摄入维生素
D 了。鲸头鹳等水鸟会更频繁地
梳理羽毛，维持良好的防水性。

独特的非洲鲸头鹳，长相一言难尽却经
常梳理羽毛。

战栗产热和非战栗产热

人在寒冷的环境下待久了就会打冷战，是一种生理反应，因
为骨骼肌微幅收缩能产生热量。鸟类也有类似机制，叫战栗产热。

因为热量大多来自脂肪，所以战栗的位置也多是胸肌。等到渐入深冬，鸟类适应了越来越低的气温，也就不经常打战了，但是碰上极冷的情况可能还要连续多日地借助战栗产热。越冬时鸟类无疑需要利用一切能利用的热量，包括战栗；从热带向北迁徙时鸟类有时也利用战栗产热。研究显示，莺雀春季迁徙途中比夏季多产生 17% 的热量，就是靠战栗产热。北迁时虽然它们飞往繁殖地的速度很快，但途中不免遇上寒流，这时战栗就派上用场了。

非战栗产热，顾名思义就是不通过肌肉痉挛产热。例如，消化和吸收过程都需要消耗能量，也会产生热量。在欧亚大陆北部森林栖息的灰林鸮是夜行动物，主要以小型鸟类和哺乳动物为食。它不缺食物，所以夜晚最冷的时候也不需要通过战栗产热。不同的食物搭配产热也不同，鸟类可以选择产热最高的组合。还有一些鸟类从相反的角度着手，如北极的灰噪鸦不致力于耗能产热，而是把体温从约 42°C 降到约 37°C，基本处于失温状态，也有助于在寒冷中生存，这种状态叫麻痹状态。

麻痹与冬眠

科学界现在对冬眠已经很熟悉了，但历经了漫长的探索过程。2400 年前，亚里士多德发现夏季燕子飞越沼泽时会钻进水里。联想到冬季希腊没有燕子，他推断它们潜入了水里，把自己埋在水底的淤泥里度过冬季最冷的几个月。你看，次年春天燕子不是又出现在水面上了吗？他的推测广为流传，而且多年来渔民一直描述网鱼时从沼泽底部捞上来的泥块里有时候有无知觉的鸟，等他们把泥块敲碎，鸟暖和过来后还能继续飞。直到 19 世纪，这一直是个谜团。还有人看到燕子冬季消失，依旧会推测它们是在地底冬眠。

鸟类没有藏在泥里冬眠这么高等的行为，但是已知至少有 29 种鸟可以在一段时间内降低自己的新陈代谢速率和体温。如果一只体温极低的鸟新陈代谢速率明显减慢、对外界刺激几乎毫无反应，那它就是进入麻痹状态了。德国的埃尔克·施莱歇（Elke Schleuche）教授在一篇关于鸟类麻痹状态的综述中总结：进入麻痹状态最主要的原因是缺乏食物和天气寒冷。可以说，麻痹是鸟类演化出的一种在低温和食物暂时缺乏时的应急行为，有些鸟麻痹时能节省体力，以平安度过夜晚。也有人认为，鸟类迁徙过程中麻痹自己是为了减小飞行途中的觅食需求。

有麻痹行为的鸟类包括食虫鸟类、食果鸟类和食花蜜鸟类，也就是食物来源不太稳定的类群。研究者在实验室中对红背鼠鸟进行断食实验，发现体重下降 35% 时它的新陈代谢速率降到正常水平的三分之一，此后进入麻痹状态。但在自然条件下，它很少会失去意识，它们在寒冷的夜晚聚群取暖。蜂鸟白天的体温大概在 38°C～40°C，但它们在夜晚进入麻痹状态后，几乎可以降到跟环境温度相同，只要在这个温度下它们还能存活。天亮前不

用任何外界刺激，只靠自身的生理节律，蜂鸟就能从麻痹状态转醒。随着呼吸速率和心率升高，蜂鸟抖动双翅的肌肉，打几个寒战，这样活动20~60分钟左右就可以开始觅食了。食虫鸟中的波多黎各短尾鸫的雌鸟即使在食物充足、气候温和情况下也会进入麻痹状态，这或许是由于繁殖压力比较大；另外它体温就算下降约4° C也能保持清醒和警惕。

根据现有了解，至少有一种鸟类麻痹程度非常深，状态近乎冬眠，这就是北美小夜鹰。印第安人中的霍皮族管它们叫瞌睡鸟（印第安语为 holchko）。1804年刘易斯（Lewis）和克拉克（Clark）[①]远征途中也许也见过麻痹的北美小夜鹰，但是最早关于它的记载始于1879年，在加利福尼亚州。北美小夜鹰体型和知更鸟类似，以昆虫为食，栖息地为美国西南部；它的近缘种包括夜鹰、林鸮、美洲夜鹰，这些鸟全部都有麻痹行为，但北美小夜鹰是其中麻痹时间最长的。环境温度低于10° C时，它就进入休眠状态。麻痹时它们通常栖息在仙人掌下面或者岩石边上，头朝向南方，这样等日光把它们暖和过来就可以苏醒觅食，等晚上再进入麻痹状态。有些北美小夜鹰一进入休眠状态10~20天都醒不过来，一动不动。这跟小型哺乳动物的冬眠类似，即长时间休眠，

---

① 即梅里韦瑟·刘易斯上尉（Meriwether Lewis）和威廉·克拉克少尉（William Clark），美国国内首次横越大陆西抵太平洋沿岸的往返考察活动领队。——译者注

偶尔醒来到贮藏食物的地方补充能量。多年来人们一直推测有些雨燕和燕子也有冬眠行为，但这更可能是它们处于中度麻痹状态。

4.天气影响迁徙、食物供给和健康

《老农年鉴》[①]上说："乌鸦双飞晴天至，乌鸦落单风雨来。"这句谚语没有确切的依据，但鸟类的某些行为确实能预报天气。不知道你有没有注意过，暴雨来临前燕子总是停在电线上。因为冷空气来袭会造成低气压，气压较低时空气分子的密度小，飞行更消耗体力，所以这时候鸟类通常停止飞行。研究者曾将白喉带鹀置于各种气压条件下观察它们的反应，结果高气压时它们醒来先

北美小夜鹰坐在石子路上。

---

① 指的是美国的 *Farmer's Almanac* 或 *Old Farmers' Almanac*，类似中国的黄历。根据经验、传说等，提供天气、垂钓和园艺活动、星座、健康方面的指南，科学性待考证。——译者注

梳理羽毛再进行日常活动，而低气压时它们醒来第一件事就是去觅食，以免变天。已有研究证实，鸟类耳朵中部一处感觉器官能探测天气及飞行高度带来的气压变化，但这是什么原理尚不得而知。

每天的天气都不一样，不知道什么时候就得面对极端的狂风暴雨、冰封雪盖、烈日炎炎。鸟类只有时刻利用各种器官、生理机制，或者调整自身行为，以保持在热中性区，才能活下去。当它们无法做到时，自然选择会为鸟类提供新的演化适应方向，直到鸟类再次掌握维持热中性区的方法。

迁徙杀手——恶劣天气

迁徙的主要动机不是天气，但天气无疑会影响鸟类的迁徙行为。在迁徙中碰上暴雨、冰雹、暴雪、大风，鸟类都有生命危险。暴雨会耽搁出发时间，大风会影响飞行速度或者把鸟类吹离既定路线。1904 年 3 月 13 日至 3 月 14 日，明尼苏达州和艾奥瓦州交界处下了一场暴雪，迁徙至此的铁爪鹀伤亡惨重。这晚气温并不算低，风也不算大，但是雪又大又湿，大量鸟被从天上砸下来。早上人们醒来，发现村镇里的地面、屋顶上，尤其是路灯下，铁爪鹀落得到处都是。附近两个小湖泊水面上至少漂着 75 万具尸体。总计约有 150 万只铁爪鹀死于这次雪灾。

下雨时情况也不乐观，鸟类羽毛被淋湿也将不得不中止行程。正在飞越陆地的候鸟也许可以落下来等雨停后再继续，而不幸刚

暴雨前崖沙燕聚集栖息在电线上。

好在此时穿越海洋的候鸟就无处可去了，只能面临死亡。很多陆生鸟类飞越大片水域时会无缘无故消失，其实是被海水吞噬或在水面被猛禽吃掉了，也可能是死后尸体被冲上岸，再被吃掉。墨西哥湾北部、美国路易斯安那州南部的格兰德岛（一个堰洲岛^①）是一处春季迁徙停歇地，据说是美国鸟类密度最大的地区，1993年4月8日这里被龙卷风席卷，45个种的4万多只候鸟一夜丧命。其中损失最多的是靛蓝彩鹀，蓝林莺、白眉食虫莺和海滨沙鹀也伤亡惨重。鸭、雁、鸊鷉等水鸟在飞越水面时不会受龙卷风影响，因为它们可以随时落在水面休息，但飞越广袤陆地时就轮到它们处于弱势了。黑颈鸊鷉在美国西南部到墨西哥南部之间的区域越冬，在美国西部繁殖，迁徙期要飞越大片沙漠。即使天气不作怪，

----

① 堰州岛为与主要海岸走向大至平行的多脊砂洲，且具有砂滩与堰洲扇。——译者注

头顶的强风也够它们受的了，鹲鹲非常有可能中途饿死或者累死。小型鸣禽最容易受到天气变化影响，地中海一次强暴雨就能使至少1300只小鸟丧命。但海鸟也不是就能完全不受海上风暴的影响。2014年1月和2月，法国的大西洋沿岸有2万多只海鸟因为躲避暴风雨力竭或者因为找不到食物而饿死，它们主要是海鹦、海雀和海鸦。法国鸟类协会称这是1900年以来最大规模的鸟类死亡事故。

8月中旬至10月下旬的迁徙高峰期，大西洋经常有飓风和风速超过74英里每小时的低气压暴风雨，一般来说这种程度的风暴对鸟类影响不大。候鸟非常擅长躲避风暴。但是不时总有伤亡，有些鸟类，尤其是尚未离巢的雏鸟可能因为羽毛被打湿而死于体温过低。有些鸟类在飞行途中被狂风卷起来的物体打中后死亡，或者被狂风吹离既定路线找不到方向力竭而死。2012年飓风桑迪把北鲣鸟从北大西洋吹到了纽约港，还把一只中贼鸥偏离了其大西洋的迁徙路线而被吹到了新泽西的五月岬，一般情况下它们不会出现在这两个地方。2005年魁北克地区烟囱雨燕数量折半，经过调查发现是飓风威尔玛把鸟吹跑了，最远的都跨越大西洋到了西欧。（烟囱雨燕一般只在美国东部地区繁殖，在南美洲西部越冬。）1989年飓风雨果席卷南卡罗来纳州，风速高达87英里每小时。灾难过后研究人员对当地的鸟类种群数量做了粗略统计，发现伤亡数很小。原因是海鸟在风暴来临前就飞去了北方，而陆生鸟类待在地面避难，逃过一劫。同样受此飓风影响，波多黎各一片森林里食花蜜鸟类和食果鸟类数量剧减，食肉鸟类和食虫鸟类数量不降反升，而食谷鸟类数量仅小幅下降。不到一年后，各种鸟类数量都恢复到飓风前水平，证明真正死于飓风的鸟类数量很小，大部分只是被暂时吹离了家园。

如果飓风引发的灾害（包括龙卷风、森林大火、洪灾、地震等）严重改变了栖息地环境，影响就不容小觑了。环境改变可能导致传统食物消失，适合的巢址、树洞等庇护场所遭到破坏，进而使得鸟类被捕食的概率增加。对于任何刚到陌生环境的生物，生存第一法则就是找到可替代的食物资源。飓风雨果来袭之前，一种彩色、近似裸鼻雀的小鸟——蓝头歌雀只吃槲寄生树的浆果，飓风过后它们开始吃另外 8 种植物的浆果。通常在飓风过后一两年内，鸟类繁殖的成功率比较低，3~4 年后，繁殖情况就能恢复到之前的水平，甚至更高，因为出现了一些新植被。适应环境变化对生存至关重要，但并不是所有物种都能很快适应。啄木鸟、鸮、鸱等依靠树洞来躲避捕食者和筑巢的鸟类种群恢复得就比较慢。

天气与觅食

鸟类迁徙的时机不断演化，以保证能获得最充足的食物。1974 年春天一场异常湿冷的暴雨席卷了新英格兰地区，导致食虫鸟类大规模死亡，尤其是以大型昆虫为食的猩红丽唐纳雀。暴雨过后，由于缺乏食物，猩红丽唐纳雀这种裸鼻雀的繁殖率跌至谷

底，成鸟也有伤亡，次年裸鼻雀的种群数量又下降了33%，在此基础上第三年进一步减少了67%。

在寒冷、多风、阴晴不定的天气里很难进行观鸟，因为此时鸟类通常会回到树木密集的森林深处，不在林缘活动。啄木鸟从小树枝转到大树枝甚至在树干上觅食。鸭仍然留在树干上，但高山山雀、凤头山雀等物种的觅食范围更贴近无风的地面，一刮寒风则迅速扎进灌木丛里。在开阔空间活动的鸟类尽量待在温暖的阳光下觅食。遇到大风天，鱼鹰干脆减少觅食，因为翻涌的浪花会干扰视线。在恶劣天气下，三色鹭、小蓝鹭、雪鹭等体型略小的鸟类可以3天不进食，体重下降6%～12%也是常有的。大蓝鹭和其他鹭类在多云和阴天时反而比在晴天和雨天觅食频率更高，据推测是因为它们主要以水生动物为食，水生动物在阴天更活跃，也更不容易发现头顶上方的捕食者。也有可能因为在阴天时它们就是需要更多食物。

鸟类一方面要适应阴晴不定的天气，另一方面要时刻提防捕食者。研究人员在冬季对欧亚大陆的红脚鹬进行了一项实验，实验中有两处觅食点可以选择：食物资源丰富的高盐度沼泽和资源稍逊的潮间带。结果显示，气温越低，红脚鹬越倾向于选择沼泽。问题是，它的捕食者雀鹰也喜欢在沼泽觅食。雀鹰在低温天气里捕食红脚鹬的成功率更高，因为天越冷红脚鹬在觅食上花的时间越长，暴露给雀鹰的时间也就越长。即使这样，红脚鹬还是会冒着生命危险到食物丰富的高盐度沼泽觅食。与其被饿死还不如赌一把，万一没被抓到它就有了充足的食物。

　　每年冬季约 6000 万美国人、2500 万英国人给鸟类准备食物。很多家庭院子里都装了喂食器，但是大家担心吸引来的不只是食谷鸟类，还有捕食者。这个担心并非多余。康奈尔大学鸟类学实验室进行的喂食器观察项目证明，确实有小型鸟类在喂食器附近被捕食者吃掉，捕食者包括 35% 的腹纹鹰，16% 的库氏鹰，29% 的猫，而红尾鵟、美洲隼和灰背隼仅占 12%。这些数据表明，喂食器虽然存在将小型鸟类暴露给捕食者的风险，但并不比自然环境更危险，甚至因为聚集的同伴可以互相提醒反而更安全。而且此途径节省了它们的觅食时间，总体上缩短了暴露给捕食者的时间。此外，关于在冬季投食是否会让鸟类形成依赖也是热门话题，大家担心外出旅行、中断供应会导致鸟类饿死。科学家为此专门研究了美国东北部的黑顶山雀，发现冬季山雀从喂食器获得的食物只占每天进食量的 21%。另外，中断一处有 25 年历史的投食点以后，附近鸟类的存活率并不比从来没被投喂过的同类低。所以广大鸟迷们大可放心地去度假，你们喜爱的鸟不会饿死。

天气与疾病

　　已知鸟类疾病有 60 多种，有些不太严重，有些很致命。有些鸟儿有免疫力，有些没有；不同物种被感染以后表现也不同。病

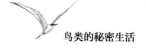

因和病症十分复杂，而且因为不经常患病，鸟类没有演化出有效的免疫机制，一旦患病很容易死亡。疾病导致的鸟类死亡通常也与天气状况密切相关，而多数动物流行病则倾向于本地化，在越冬时集群的鸟类，比如鸭科鸟类中最多发。下面介绍几种最常见的。

鸟类霍乱 鸟类霍乱由细菌引起，约150种鸟类易感，对越冬地的鸭科鸟类尤其致命。因为越冬时大量个体聚集，易造成接触传播或通过食物传播。霍乱细菌还可能落在水面，鸟起飞后则被散播到空气中。20世纪70年代末，在荷兰海岸边空旷的冰面上越冬的欧绒鸭种群内爆发了霍乱，大量个体死亡。2000年韩国近1万只花脸鸭也死于霍乱。霍乱没有固定爆发季节，冬季相对常见，因为这种细菌本身在低温时最易感染，而且由于气温下降，很多地方都结冰，鸟类不得不聚群取暖。冬季多雨多雾，不适合经常飞行，也增加了接触传播的感染概率。1994年3月，一场寒流引起霍乱爆发，造成美国东海岸的切萨皮克湾区10万只鸭科鸟类死亡。低温再碰上低气压，这时鸟类就无法北迁。更早的两次疫情大爆发分别在1970年和1978年，配合着低气压寒流，分别造成10万只鸭科鸟类死亡。密西西比河迁徙路线上的鸭科鸟类几乎每年都会爆发霍乱。那里的研究人员认为，霍乱流行未必是低温引起的，但低温无疑增加了患病鸟类的死亡概率。天气异常温暖也会加重霍乱疫情。2012年美国大旱，融雪量减少，导致俄勒冈州的克拉马斯盆地淡水资源无法及时补充，这一年1万多只鸭科鸟类在霍乱中丧命。近年来加利福尼亚州连续干旱，越来越多鸟类不得不聚集在越来越少的淡水资源周围，在这样的高密度下，一旦爆发霍乱将造成严重死亡。

鸟类肉毒中毒 鸟类肉毒中毒指鸟类因进食含有肉毒杆菌外毒素①的食物而引起的中毒性疾病，每年美国西部有上万只鸭科鸟类、滨鸟和鸥类死于肉毒中毒。1981 年，俄罗斯一场大规模肉毒中毒造成一百多万只鸟类死亡。研究者调查了 30 年间美国海滨、淡水水域共 153 种、超过 60 万只鸟类的死亡原因，发现罪魁祸首就是肉毒杆菌。肉毒杆菌毒素作用于神经系统，会阻断神经传导，导致瘫痪。瘫痪后鸟类将失去飞行能力，甚至不能抬起头部而常常淹死。肉毒中毒夏末初秋最多发，尤其是在高温天气。高温多雨会加速疾病传播，促使其流行，但目前没有有效的预测机制。

西尼罗病毒病 西尼罗病毒是一种在美国鸟类间爆发的新型病毒。1999 年首发于纽约州，后蔓延至全国 48 个州，至少 300 种鸟类表现出不同程度的易感性。2001 年至 2005 年间高温、潮湿、降水丰富，导致西尼罗病毒病爆发率增加了 30%～80%。西尼罗病毒由蚊子传给鸟类（其他脊椎动物和人类也不是完全免疫）。大部分受感染鸟类一周后痊愈并产生抗体，可避免二次感染，但

---

① 外毒素是细菌毒素的一种，是某些细菌在生长繁殖过程中分泌到菌体外的一种对有机体有害的毒性物质，通常有特异性和剧毒。这里的肉毒杆菌外毒素是指由肉毒杆菌所产生的菌体外毒素。——译者注

在鸦和鹊中致死率接近100%。西尼罗病毒病症状通常较温和，人类被感染后一般没有生命危险，致死率仅千分之一。与其他由蚊子传播的疾病的区别在于，它的宿主主要是一种在城市环境中生存的特殊物种：鳞库蚊。由于气候变化，冬季和夏季平均气温连创新高，越来越多的蚊卵和幼虫得以生存。尽管春季水坑和池塘数量不多，但其中的营养物质丰富，极好地滋养了蚊子。水位下降导致蚊子的天敌——青蛙、蜥蜴和蜻蜓数量减少，这些条件都促成了最终蚊子成虫的大爆发。

全球各地环境变化从未停止，有些是长期的，有些是短期的。鸟类在演化过程中逐渐适应这些变化。自然条件下土壤、植被、地形、食物、筑巢地点变化较小，而天气和气候则日新月异，对鸟类的挑战也更大。但一个地区的天气变化总有限度和范围，鸟类可以通过演化适应整体范围。然而，气候变化、全球变暖，或者随便哪个因地球越来越热而产生的现象，已经改变了鸟类的某些栖息环境，以及鸟类的行为，未来也将继续造成影响。无论是天气变化导致患病，还是因天气情况而加重症状，鸟类都很难适应并最终活下来。只能说是运气不好。受人类活动影响而致死，也属于运气不好，后面我们将继续讨论。

六、充满竞争
——鸟类的群居生活

> 细微的环境变化都能从鸟类身上体现，它们就是生态界的"石蕊试纸"……长期以来，通过观测和记录鸟类种群数量变化，可以看出并预测环境的变化。
>
> ——罗格·托利·彼得森，《彼得森北美鸟类指南》
> (*Peterson Field Guide to Birds of North America*)

许多人小时候都对动物特别感兴趣，我就是。无论死的、活的、做成标本的、结成化石的，我都喜欢；蛇、青蛙、萤火虫等，都能吸引我追着它们跑。我喜欢芝加哥自然博物馆（Chicago's Field Museum of Natural History），那里有猩猩透视标本，有站在用岩石和植物所搭建出的仿真环境中的鸵鸟，当然还少不了刚从沼泽爬上来、叼着一嘴黏糊糊树叶的雷龙。我那时候对植物不怎么感兴趣，觉得树、蕨类植物、草之类的都是装饰。甚至到了研究生阶段我还是不太上心，认为植物存在的意义就是给鸟一个能栖息的地方。但慢慢地我意识到，我大错特错了：植物是所有生态系统的基础。当了大学教授以后，我给刚入职的小学教师做过培训，讲野外生物学知识。我总提醒他们观察森林、草地、湖泊时，不要视其为孤立的绿地、树枝、水域，而应将它们看作互相联系、互相影响、统一的超级生命有机体，共同应对环境中无处不在的挑战。鸟类是这个大型精密生物系统的一部分，而这个系统的框架就是植物。

鸟类生活在具有复杂物理特征的栖息地中，它们要和其他有机体共享空间，大众读物一般不强调这点，所以读者很难想象。民间传说常以一种鸟为主角，说它们是石头缝里蹦出来的，灰烬里生出来的，最后不是变成美丽的天鹅就是变成夜莺一样的歌唱家。不信你翻翻儿童读物，《火烈鸟佛洛拉》（*Flora the Flamingo*）、《哈哈笑的猫头鹰》（*Hoot owl*）和《红雀》（*Redbird*）就是这么写的。只关注一个个体或者一种鸟类的后果就会忽略鸟类生存的大环境，以及生存所面临的挑战。鸟类不是独居，无法忽略同类，也不可避免地要与其他动物接触。它们不能随心所欲地活动，想去哪儿就去哪儿。它们只是多姿多彩的生物群落的一部分，群落里机遇与挑战时刻共存。

以前鸟类学观察多限于静坐观察并描述鸟类行为。有一位从小喜欢鸟类的企业家亚瑟·克利夫兰·本特（Arthur Cleveland Bent）50年来坚持观察与记录，编纂了一套多达21卷的《北美鸟类生活史》（*Life History of North American Birds*）。里面的描述一般是这样的："比如王霸鹟，虽然北半球现在是冬季，但是它目前在几千千米外的热带，所以我们想到它时脑海中浮现的是它夏季的模样，栖息在苹果树最高的树枝上，白色的羽毛仿佛正装的白衬衫、白领带和白马甲。"我没有抨击本特先生的意思，他的书给后世提供了大量真实可信的信息，但是从这样花式的描述中读者没法领会出它其实生活在一个群落之中。直到 20 世纪中叶，鸟类学家才开始将鸟类看作集合体，关注鸟类之间的相互关系以及鸟类和周围环境的相互作用对鸟类生存的影响。

一个地区，无论大小都由特定的生物组成，有特定的自然条件支持、限制着这些生物，这些条件包括土壤、天气、水源、地形、地质等，它们共同组成了生态系统，即生物与环境所构成的相互影响、相互制约的统一整体。其中的每个生物都有自己的生理、身体和行为特性。早在 18 世纪初，普鲁士博物学家和探险家亚历山大·冯·洪堡（Alexander von Humboldt）教授就注意到热带雨林中复杂精妙的声音和景象，他认为那里物种丰富到"再多一棵植物也装不下了"。早期的博物学著作中不乏对热带雨林景象的描写："闪烁的光斑透过重重叠叠的树叶投射到地面，湿气逼人，浩浩荡荡的兵蚁在薄土层上行进，蝴蝶尺寸惊人，巨人般大小的板状根支撑着参天大树，棕榈树树干长满尖刺，藤蔓交错，在天地间织成巨网。"书中关于鸟的羽色、形态、鸣声的描写充满诗意:"它们栖息在热带植物上,层次丰富,树冠上有唠叨的鹦鹉,地面有穿梭的蚁鸟,旋木雀沿树干攀爬,巨嘴鸟从树洞中伸出巨大的喙,画面之外,蜂鸟翩飞在迷人的花丛中。"自然选择将这些鸟变成了雨林的一部分,离了雨林它们很难存活。每个雨林,或者其他的每处栖息地都由特定的物种组成,术语叫鸟类区系(the avifauna)。区系中的成员不是单独行动,也不是无拘无束,演化决定了它们各有各的生存角色与作用,无法改变。

从北极冻原、非洲纳米布沙漠(Namib Desert),俄罗斯贝加尔湖(Lake Baikal)到普通人家的后院,每个地方都有共通之处。

热带雨林

它们都是以一定的自然条件为框架，由动植物组成。一群活的生物体就可以组成一个生物群落；它可能是昆虫群落、植物群落，也可能是鸟类群落。群落不是随机组成的，而是经过漫长的演化，直到每个物种在整个系统中确定了自己的位置。举一个例子，比如人类群落就是由住在一个特定地区的一群人组成，每个人有不同的社会责任，有人经营商店，有人教书，有人看病。一开始群落人数可能不多，唯一的医生什么病都要看。但是小群落会慢慢发展成城镇，社会分工越来越细致，儿科、外科、眼科、家庭医生等逐渐出现。鸟类群落和生态系统的发展也与此类似。

1. 鸟类的演替

地球形成于 46 亿年前，但第一批生物过了 10 亿年才出现，鸟类更是后来者，大约出现于距今 1.5 亿年前。46 亿年来，地球的地质、水文、大气发生了巨大变化，地球上生活的生物随之演化，共同构成了现在的星球。为了适应环境变化，鸟类一直在演化，新物种不断取代旧物种，以便更好地活下去。从前澳大利亚大陆上生活着 200 磅重的企鹅，马达加斯加群岛生活着 1000 磅重、10 英尺高的象鸟。现在它们都灭绝了，而其他物种出现了。用地质年代来衡量的话，地球上所有的物种都只算短暂地存在过。每种鸟从出现到灭绝，平均经历 12.5 万年。从鸟类诞生起，地球上大概累计出现过 16 万种鸟类，而现今存活的只有 1 万种，差了 16 倍。

有些物种灭绝，有些物种形成，鸟类群落的变化永不停歇。

地质年代是个时间跨度很长的概念，而生态系统发展相对短得多。我小时候生活在芝加哥就亲眼见证了我家附近一块空地从建筑荒地发展成一个小的生态系统。荒废的土地上先是长出对人类来说是杂草的植物，之后禾本科植物开始生长，草本植物数量和多样性逐渐增加，最后被灌木和树木取代。草丛里先生出昆虫，继而是啮齿类动物、蛇、鸟。本来可以继续演替成阔叶林，但是这块地上建起了新的建筑项目。这样的过程随处可见。火灾、飓风、洪水、地震、人类活动等仿佛给大自然提供了空白画布和颜料，最终创作出新的生态系统。湖水灌入空地，空地变成沼泽、草原，甚至森林；海底上升形成光秃秃的海岛，但丑陋的岩石会

原先被植被覆盖的地区由于火灾、洪灾、生物危害或人类活动等遭到破坏或严重干扰，部分或全部被毁，之后新一轮的群落演替继续在这里发生，直到生态系统最终恢复。

高草和非禾本
草本植物

裸地　　　　　　　　　矮草

被泥土覆盖，会有植物生长、动物繁衍，变得生机盎然。这就是群落逐渐发展演替的必然结果。无论某一地区气候如何，生态系统永远以这样的方式自我调节着。以北温带为例，耐寒的草本植物先大量生长；之后耐寒的灌木出现，凌驾于它们之上，挡住阳光，和它们争夺营养物质；接着风、水或者鸟儿带来了树木的种子，种子逐渐发芽，窜起小树苗；幼苗继续长高，像当初灌木遮住青草一样凌驾于灌木之上，一片小树连成了树林。又过了几年，小树变成参天大树，树林变成森林，然后这个森林的组成成分与结构稳定下来，可以保持几百年不变。

在植物种类增加的同时，鸟类物种组成也随之发生变化。灌木中栖息的鸟取代草地上活动的鸟，林间飞行的鸟再取代灌木中

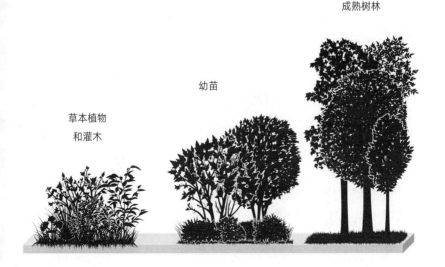

成熟树林

幼苗

草本植物
和灌木

生存的鸟。植物群落越复杂，鸟的种类越多，每个物种的个体数量也越兴旺。针对任何一块特定的裸地，我们都能预测那里最终演替形成的植物群落，也能预测出鸟类群落的演替和最终形成的稳定鸟类群落。

演替永不停歇，但是随着生态系统接近饱和，更新的速度会显著变慢，因为一个系统能容纳的鸟类（或者植物、昆虫）的数量是有限的，任何新增的物种都有可能导致旧的物种的灭绝。而且虽然新的物种一直在出现，却未必能存活下来。实际上，大部分都活不下来。位于印尼苏门答腊岛和爪哇之间的喀拉喀托火山岛（Krakatoa）是一个经典案例。1883 年喀拉喀托火山大爆发，当时有 36000 人在火山爆发中丧命，三分之二的岛都被毁了。该次大喷发还引发了海啸，南非海岸沿线的船只都受到了波及。尽管对于当地居民来说这是一场悲剧，但这也为研究生态系统的演替和动物区系的形成提供了第一手资料。火山爆发 6 年后的 1889 年，种子被风和海水带到了岛上，植被开始恢复，但此时尚无留鸟。1908 年，约在火山爆发 22 年后，植被更加丰富多样，而且已经有 13 种鸟在此定居。到 1924 年，这里已经长出了葱郁的热带森林植物，鸟的类种类也增加到 28 个，但同时最初的鸟类中有 2 种消失。到 1934 年为止，岛上确定的植物多达 171 种，鸟类达到 29 种，但先前生活在这里的鸟类中有 3 种消失了。1952 年鸟类增加到 33 种，但此地先前的 3 个种消失了。1984 年至 1986 年间，留鸟达到 36 种，先

这张 1888 年的印刷画展现了 1883 年喀拉喀托火山喷发时的情景。

前生活于此地的鸟类中的 4 种消失了。如今岛上有 38 种鸟。与植物一样，随着演替的发生，岛上的鸟类出现、繁荣、再消失，新种类不断取代旧种类，直到形成平衡。

从地质事件中恢复的速度有快有慢。1963 年至 1967 年间，冰岛以南 20 英里处的大西洋海面上升起一座火山岛叙尔特塞（Surtsey）；如今 50 年过去了，这座孤岛上只有 12 种鸟类，大部分都是海鸟，其中数量最多的是海鸥。海鸥粪便滋养了土壤，对岛上植物的生长起到了很大的促进作用。随着植物日渐繁茂，以后这里的鸟类区系也会更加壮大。1980 年美国华盛顿州的圣海伦斯山（Mount St.Helens）爆发，把附近村庄掩盖在了火山灰烬里，摧毁了很大一片区域里的整个鸟类区系，然而四天后就有新的鸟类在附近飞行。从那以后，陆续有 80 种鸟类从临近的生态系统迁移到圣海伦斯山生活。不同的演替进程具体不同，但原则是共通的：生态系统总是有规律、有计划地发展，成熟后保持动态稳定。在每个生态系统中，每种鸟类都占据着自己独特的生态位。

2. 生态位和栖息地

每个蠕虫都知道，有无数蠕虫兄弟等着占领自己的位子。

——苏斯（Seuss）博士，《比 Z 更远的单词》（*On Beyond Zebra*）

生态系统中的每种鸟占据独特的生态位。所谓生态位，指的是某个物种与周围环境中的生物和非生物的关系。生态位这个概念包括了鸟类生存所涉及的所有变数，如气候、食物、竞争者、捕食者、植被结构等。生态位也可以理解为鸟类在群落中的作用，即它的"工作"，而栖息地（它具体居住的场所）就是它的"工作单位"。有些杂食鸟什么都吃、哪儿都能住，如鸦和家麻雀，这些鸟的生态位非常宽。但另一些鸟对吃住等需求有具体要求，如蜂鸟、鱼鹰、滨鸟、鹈鹕，它们生态位则比较窄。

在生态学和动物学家先锋约瑟夫·格林奈尔的大力推动下，鸟类学从简单的信息收集和物种分类拓展成了研究鸟类生存方式和栖息环境的学科。早在1904年他就正确指出，栗背山雀之所以分布在美国西北部太平洋沿岸，是因为那里"空气湿度、植被结构均适宜"。同样都是住在针叶林中，莺栖息在枝头，鸫喜欢在地面行走，斑腹矶鹬则在森林边缘的溪流边徘徊，而翠鸟喜欢停在高处，仿佛要偷偷监视底下的一切。翅膀狭长的纹腹鹰喜欢在密林中间灵巧穿行，而宽翅的红尾鵟则永远在高空翱翔。海鸟觅食的范围、潜水深度各不相同，峭壁、地面、地洞、树上都能成为它们筑巢之选。

生态位窄的优点是同一个物理环境可以容纳多种鸟共同生活、资源共享。比如我们的家附近有各种零售店，五金店挨着糖果店。它们之所以能同时存在就是因为它们经营的买卖不同，利用的资源不同（即不同需求的客户群体）。所以只要啄木鸟、莺、雀生

态位不同，它们就能共同生活，但是如果有外来者会怎样？比如来了更多的啄木鸟、莺，或者旋木雀、鸭、莺雀等新物种，这时还能相安无恙吗？

理论上同一种类的个体能共享觅食、休憩、筑巢地点，但如果同一个生态系统中鸟种数量很多，即便是不同物种，其需求也势必有交叉，单靠共享是行不通的。俄罗斯生物学家高斯（G.F.Gause）博士提出了竞争排斥理论，直截了当地指出：同一个生态位上不可能有两个需求完全一致的物种，根据环境和资源情况或多或少会有所区别。这些区别可能很细微，但只要稍有不同就可以共同生存。

1859 年达尔文在《物种起源》（*On the Origin of Species*）中写道："自然状态下，物种被限制在一定范围内，其中竞争甚至比气候造成的约束影响还大。"生物争夺有限资源，只有最适合环境的才能存活，赫伯特·斯宾塞（Herbert Spencer）读完达尔文的论文把这种过程总结为"适者生存"。达尔文自己称之为"自然选择"，但两者有区别。最适合的鸟不仅是指能活下来的鸟；繁育了最多的子代、让基因延续下去的个体，才是在竞争中最成功的个体。

种间竞争

两个不同物种的需求有时几乎完全不同，比如鹭和鸬鹚，但是一旦生态位非常接近，两个物种就要竞争，称为种间竞争。冬季欧洲的青山雀和大山雀都栖息在树洞或人工巢箱里。比利时的研究人员使用了一些巢箱洞口较大的人工巢箱，让两种鸟类都能在寒冬的夜晚自由进出巢箱避寒。但是巢箱的数量比实际需要的少。结果他们发现，两者之中体型较大的大山雀用身体挡住巢箱洞口，不让青山雀使用人工巢箱，于是大山雀存活率更高。第二年春天大山雀的种群数量增加了，而青山雀的则没有，这证明大山雀的体型和侵略性提高了其自身的生存概率。

芬兰的森林里生活着褐头山雀、大山雀和凤头山雀。山雀的英语名源于挪威方言，意为"小的"。这些小型鸟类以昆虫为食，冬季食物不足时也吃浆果和草籽。在林子里，褐头山雀和大山雀在同一棵树上觅食，褐头山雀在上部和靠外的树枝上，大山雀在

大山雀是一种树林鸟类，能轻易适应人类生活环境。

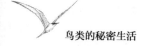

下部和靠里的地方。但如果凤头山雀也加入竞争，褐头山雀就得往下、往里移动，大山雀只得干脆从林中转移到林缘附近的树上觅食。它们颇懂得通过改变觅食行为减少竞争，保证大家都有足够的食物过冬。

栖息地共享的典型例子就是"麦克阿瑟林莺"，该鸟是以罗伯特·麦克阿瑟（Herbert MacArthur）教授命名的。麦克阿瑟教授是位很有影响力的生态学家，也是演化生态学的创始人之一。他在耶鲁大学的博士论文研究的是美国东北部针叶林中的 5 种林莺：栗颊林莺、橙胸林莺、栗胸林莺、黄腰林莺和黑喉绿林莺。这 5 个物种的繁殖地有交集。在他之前的鸟类学家都认为这 5 种鸟类无论外形还是行为都没有区别，实质上共享同一个生态位，是竞争排斥理论的例外。麦克阿瑟教授把树像坐标一样横、纵分为 16 个不同区间，仔细观察 5 种林莺的觅食习惯，发现不同的鸟种即使在同一棵树上觅食也并非处在完全相同的位置。后来这个生态位分离的实验成了解释生态位相似的鸟类共存现象的经典例子。

种内竞争

种内竞争比种间竞争更普遍，因为同种鸟的需求完全相同。对英国北鲣鸟繁殖地的研究显示，集群营巢时群越大，种群数量增长越慢，因为在大的群体里食物竞争激烈，个体需要飞得更远去觅食。距离远耗时就长，影响往返的次数，雏鸟得不到充足食物存活率就会下降。澳大利亚以东海岛上的小企鹅种群增长速度也支持这个理论。小企鹅的觅食范围较小，食物来源也主要是水面和水面附近，可以说相当有限。随着集群营巢的个体数量增加，食物竞争变得激烈，成鸟不得不花更长时间觅食，而且找到的食物更少，雏鸟不够吃，所以雏鸟体重与营巢集群的大小成反比。

非洲赤道雨林的黑腹裂籽雀主要以两种莎草植物为食，其中一种的种子很硬，另一种的较软。裂籽雀也分两种形态，区别在于喙基的宽度，一种宽一种窄。种子充裕时两种裂籽雀食物范围大量重合，旱季末期种子不足时宽喙的裂籽雀首选硬的种子，窄喙的裂籽雀则选择软的种子和其他食物。喙的宽度是天生的，不同喙宽的雌雄裂籽雀交配后代中两种喙形都有。最近甚至发现了第三种喙更宽、能吃更硬种子的裂籽雀。

在欧亚大陆多岩石地区，我们发现，栖息在克罗地亚、希腊和土耳其的是岩䴓，栖息在东亚的是大岩䴓。在两个物种分布区的最东端和最西端边缘的地区，两种鸟类外形基本一致，食物也相似；而在栖息地有重叠的伊朗地区，亚洲䴓（大岩䴓）比欧洲䴓（岩䴓）喙的尺寸更大。在栖息地重叠的地区，两个物种食物不同，喙的尺寸有别降低了它们对食物的竞争；它们的眼纹也不同，方便双方区分各自的个体，避免弄混，节省时间和精力用于防卫领地和求偶。

鸟类的秘密生活

黑喉绿林莺

橙胸林莺

栗胸林莺

栗颊林莺

黄腰林莺

麦克阿瑟林莺的觅食范围分类。阴影部分对应每种鸟类最常见的觅食范围。

"姐妹种"现象

　　不同物种有时会惊人地相似。"姐妹种"有可能是从同一个物种演化来的。比如两种北美滨鸟——小黄脚鹬和大黄脚鹬分布区重合度非常高，它们都用喙伸进湿地的泥土里寻找无脊椎动物吃。其中小黄脚鹬喙较短，跟头的尺寸差不多，而与它相似但体型稍大的大黄脚鹬喙较长，比头长出三分之一。小黄脚鹬的食物个头比较小，而大黄脚鹬还可以吃青蛙、螯虾，会用喙在水面筛鱼。另一个例子是库氏鹰和纹腹鹰，这两种鸟类外形相似、分布区重合，区别在于库氏鹰的体型大出三分之一。所以它的食物比纹腹鹰的食物平均大一倍，一般是中等体型的鸟类，如知更鸟和椋鸟，而纹腹鹰一般捕食小型鸣禽。印度东部有4种翠鸟都栖息在红树

大岩鸸

岩鸸

栖息地有重叠的岩鸸和大岩鸸眼纹和喙的尺寸不同。

林中，但食物和行为均有区别。栖息高度、觅食范围、食物尺寸都跟它们各自的体型密切相关。体型大的翠鸟选择高处、粗壮的树枝栖息，觅食时飞得远，食物也比较大。

伊夫林·哈钦森（G.Evelyn Hutchinson）教授是公认的现代生态学之父，他 1959 年的经典论文《向圣罗莎莉亚致敬 —— 为什么有这么多种动物》（Homage to Santa Rosalia or Why Are There So Many Kinds of Animals?）针对动物体型差异和多样性的限度等问题提出了一个假说。哈钦森认为，生态位相近物种要想共同生存必须存在三分之一左右的体型差异，这个比例有时又被称为哈钦森比例。小黄脚鹬和大黄脚鹬、库氏鹰和纹腹鹰都符合这个比例，而印度翠鸟里体型最大的物种是体型次大物种的 1.25 倍，体型次大物种是体型第三大物种的 1.12 倍，而体型第三大物种又是体型最小物种的 1.5 倍。还有很多例子证明相似物种的体型相差

大黄脚鹬（左）和小黄脚鹬（右）

约三分之一，如小斑啄木鸟和大斑啄木鸟、灰背隼和游隼、中杓鹬和白腰杓鹬、雪雁和细嘴雁、短嘴鸦和鱼鸦，等等。生态位相近的鸟类只有具备约三分之一的区别才能共存已经是普遍认同的规律，但这个理论也存在争议。DNA 研究显示，有些"姐妹种"的确亲缘关系很近，但有些却相距很远。

领域行为

鸟在哪儿，哪儿就是它的家，在这个范围内存在一个它要防御的部分——它的领域。划分领域分散开了相互斗争的个体，减少了竞争。罗伯特·阿德里（Robert Ardrey）在《地盘规则》（*The Territorial Imperative*）一书中指出，防御领域是所有动物与生俱来的本能，人也一样，他甚至把书的第一章命名为"人和知更鸟"，北美知更鸟的领域行为确实很激烈，所以他这么写也不为过。鸟类要防御的空间可能是觅食领域、繁殖领域、营巢领域、栖宿领域等。领域行为通常表现在繁殖季，有些鸟类为了保护冬季觅食区域也会表现出领域行为。

食物是开启领域行为的关键，食物供给不稳定，领域行为也会变化。蜂鸟是一个典型的领域行为随花蜜含量变化的例子。有一次，我有一个植物学家同事带着他的学生开车把 500 盆开花植物送到了约塞米蒂国家公园（Yosemite National Park）。他们把花放在地面上一个提前计划好的样地里，确保附近没有其他开花植

物。不出 5 分钟,安氏蜂鸟就飞来了,在花丛中建立了领域。几个小时以后,随着花蜜含量改变,蜂鸟的领域边界也发生了变化。

内华达州的棕煌蜂鸟和星蜂鸟以同一种花蜜为食。棕煌蜂鸟习惯在距地面 8 英寸以上的地方进食,领域行为很强。星蜂鸟体型较小,速度更快,它们自己不建立领域,主要靠从下方靠近、偷袭棕煌蜂鸟的觅食领域。因为防御领地需要消耗的体力太大,不利于星蜂鸟生存,所以它们选择偷袭棕煌蜂鸟的觅食领域,但是一般会贴近地面觅食,远离棕煌蜂鸟,避免正面冲突。

北美西部一些纹霸鹟,包括暗纹霸鹟、灰纹霸鹟、纹霸鹟、恺木纹霸鹟、北美纹霸鹟、哈氏纹霸鹟等,外形和行为非常相似,很难区分。繁殖季时它们激烈地争夺食物和筑巢地点,类似麦克阿瑟林莺间的竞争。区别在于,它们不在同一棵树上划分不同区域,也不会因为筑巢地点起冲突,而是通过在种内和种间划分领域分散个体,减少竞争。

红翅黑鹂栖息在沼泽、路边湿地和高尔夫球场的水塘边,雄鸟负责建立领域,站在香蒲穗尖上通过鸣唱和展示鲜红色的肩部羽毛吸引雌鸟,同时防御入侵的其他雄鸟。(一项实验把已经占据领域的雄鸟红色的肩部羽毛涂黑再放飞,它们还是几乎立刻就遭到肩部为红色的雄鸟的攻击和驱赶。)雄鸟们把栖息地瓜分、划成各自领域后,边缘地带还有些游荡的雄鸟暂时没有领域可占,但它们随时等着别的雄鸟离开或死亡后接手对方的领域。游荡的雄

红翅黑鹂在领域行为中展示肩部羽毛。

鸟和有领地的雄鸟在适合度上似乎没有区别，领域转手后新主人也能很好地防御自家领域。相比之下，有领地的个体随时需要捍卫领域，似乎更危险，而没有领域的个体放弃挑衅前者也没什么风险。

3. 觅食群与鸟种多样性

有些物种数量庞大容易被发现，有些物种却十分隐蔽，所以研究鸟类群落很有难度。群落结构还随季节变化，而这进一步增加了分析难度，所以我们只能研究鸟类群落在某一特定时期的小小缩影。

鸟喙很大程度上决定了生态位，所以研究觅食习惯是了解群落的最主要方式。有一项研究把新罕布什尔州一个落叶林中的

北美黑啄木鸟（常与象牙嘴啄木鸟弄混，两者外形相似，但象牙嘴啄木鸟已经灭绝）
代表了啄木鸟集群，全球有近 200 种生活习性都十分相近的啄木鸟。

22 种食虫鸟类（包括鸫、莺雀、高山山雀、吸汁啄木鸟、鹟䴕
等）的取食方式分成了 17 类，详细记录这 17 类的觅食行为，比
如获取食物方式是猛袭、探入还是突击，以及进行以上 3 种行为
时所处高度及所在栖木的种类等。研究人员根据进食习惯把这 22
种鸟类分为不同的功能群（guild）[1]，即觅食方式相似的鸟类集群。
（值得一说的是，guild 在中世纪指的是"同业行会"，即共享着同
样利益的手工业者或商人的行会组织。）在这项研究中，鸟类功能
群（avian guilds）被区分为地面觅食功能群、树干和树枝觅食功

---

[1] 功能群：生态系统内一些具有相似特征，在行为上也表现相似的物种，也
称同资源种团。——译者注

能群、树冠觅食功能群、植物其他部位觅食功能群。功能群内再根据觅食地点（如在叶片背面还是正面）、觅食时的栖木（如橡树还是枫树）、觅食策略（如是盘旋还是探入式）进一步细分。这项研究和类似研究都证明，研究鸟类群落可以通过觅食方式分类和定义。功能群的划分依据还可以是谱系关系，如啄木鸟功能群；栖息地关系，如滨鸟功能群；甚至是包括啮齿类、昆虫等非鸟类物种的食种功能群等。

从觅食功能群我们可以了解鸟类群落的动态功能和结构模型，下面我们就把功能群和典型生态系统的结构对应起来，看看不同的功能群在鸟类区系中是如何作用的。大家可以思考一下，假如一个功能群的鸟类全部消失，对整体有什么影响？

食腐鸟类或分解者 鹫类是专性食腐者，它们将尸体再利用，同时减少疾病的传播。它们通常在宽阔的区域上空翱翔，且成群飞行，以增加发现食物的概率。它们的食物来源不稳定，要保持两次进食之间体力充沛，所以体型较大。神鹫一次能吃下重达4磅的腐肉，红头美洲鹫一次吃饱增加的脂肪储备可以维持其两周不进食。鹫专吃腐肉，所以在食物资源上一般不与其他鸟类构成竞争。鸦和渡鸦等兼性食腐鸟类有机会也加入鹫的行列分一杯羹，尤其是在热带森林等植被密集、鹫不方便行动的环境中，鸦、渡鸦、鹊就变成了处理腐肉的主力军。人们通常以为肉腐烂得越严重鹫越喜欢，其实不然，它更喜欢刚腐烂的肉。所以鹫要争分夺

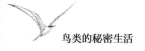

秒赶在细菌把尸体味道变差之前吃完。

食谷鸟类 在落叶林中，食谷鸟类，如中小型的燕雀和雀，占整个鸟类区系的15%；在针叶林中这个比例达到35%；在草原上这个比例进一步升高到60%；而在谷地，这个比例高达90%。生态系统产生的种子大部分被食谷鸟类消耗掉，如针叶林每年产生的种子近20%都被它们吃掉了。种子发芽前只能靠内部贮藏的能量生长，所以营养丰富：碳水化合物高达65%，以及纤维素、蛋白质和一些脂肪。但是食谷鸟类光靠种子生存仍然是不够的，还需要进食昆虫以补充蛋白质。

食草鸟类 食草鸟类消耗了生态系统中10%的植物（根、茎、叶），但是在所有鸟类里只有3%的鸟种将植物作为主要的食物来源。因为植物富含纤维素，只有20%能被消化吸收，蛋白质含量不到20%。为了从植物中获得最多的营养，食草鸟类一般选择蛋白质含量较高、纤维素含量较低的植物组织。加拉帕戈斯群岛的植食树雀主要以花蕾、叶片、花朵、果食和嫩枝下的软树皮为食，它的喙像鹦鹉科鸟类，嗉囊体积大，肠道尤其长，利于消化植物。和食谷鸟类一样，大部分食草鸟类需要吃昆虫补充蛋白质。南美洲的小型鸟类——割草鸟是例外，割草鸟的喙、颌、颚全部演化成适合碾磨植物的状态，嗉囊肌肉发达，肠道高度折叠，能够彻底消化和吸收植物，不用再补充动物蛋白。

食果鸟类 食果鸟类占鸟种总数的12%。一半左右是鸣禽，也有其他鸟种以果实为食。果实富含碳水化合物，蛋白质含量低，脂肪含量不固定，1%～67%都有。有些果实的果皮、种子、坚硬的种衣无法消化，还含有难吃甚至有毒的化合物。食果鸟类通常是新热带界的留鸟，在传播种子过程中起到重要作用；很多植物的果实演化出专门吸引播种者的特性。参与播种的食果鸟类在演替的过程中发挥着重要作用——帮助被破坏的生态系统重建植被，在荒岛上发展栖息地。给植物传播种子的同时，食果鸟类自己也获得了充足的食物，保障了生存。食果鸟类间少有竞争或分工，因为成熟果实的数量极其充沛，而食果鸟类只需处理可食用的一切。美洲热带地区最主要的食果鸟类是各种各样的巨嘴鸟——家乐氏的水果谷物圈系列（实际里面根本没有水果，只有水果味）的吉祥物就是其中的一种巨嘴鸟。

食虫鸟类 食虫鸟类以节肢动物为食，占全球鸟类的60%。昆虫富含蛋白质，易于消化，世界上有超7400种鸟以无脊椎动物为食，其中44种是食虫猛禽。节肢动物的种类丰富，食虫鸟类的觅食方式也各式各样，如猛袭、突击、捡拾、探入等。栗喉蜂虎只吃蜜蜂和胡蜂，进食时把猎物在树枝上摔死变软以方便吞咽。热带地区一年到头都有虫子，但温带地区冬季时昆虫数量较少，所以在温带地区长时间栖息的鸟类必须灵活地调整食谱，要么吃些蛰伏的昆虫、幼虫、虫卵，要么换成其他种类的食物，要么干脆迁徙。冬季时绒啄木鸟把喙探入树干缝隙、虫瘿和草的茎秆中找

节肢动物幼虫吃，同时还吃些种子和浆果。高山山雀改吃针叶树的种子、浆果和小坚果。还有人看见它们吃松鼠尸体上的脂肪。大山雀冬季主要吃山毛榉坚果。另外高山山雀和山雀还有贮存食物的行为，一个季度的贮存量可以多达10万块。

霸鹟、莺、燕、雨燕只吃活蹦乱跳的虫子，所以冬季只好迁徙到能够提供这类食物的热带地区。热带地区一到冬季就变得拥挤，鸟的数量有时甚至翻倍，这对原来此地的鸟类有什么影响呢？热带地区常驻的食虫鸟类食物组成比较单一，生态位非常窄。比如亚马孙盆地上游11%的食虫鸟类，比如橙顶灶莺和蚁鸫，只吃枯枝落叶层（林下植物已经死了但还没落的叶片）的虫子。落叶虽然比新鲜树叶少，但上面的节肢动物丰富，能提供更多能量。

栗喉蜂虎

相比之下迁徙到热带的候鸟则是机会主义者，哪儿有吃的就去哪儿，能吃什么就吃什么。美国东部的食虫莺是个特例。春季食虫莺75%的时间在寻找新鲜树叶，在中美洲越冬时75%的时间在落叶间搜寻食物，跟橙顶灶莺和蚁鸫一样。

森林里的昆虫过多会危害植物，而食虫鸟可以控制森林中的昆虫数量，减小植被损伤。瑞典南部的研究人员曾用网将树干和树枝围起来，隔离开鸟类；4周后植食性节肢动物增加了20%。研究者在牙买加咖啡种植园也做过类似实验，结果咖啡树上的节肢动物的种群数量增加了60%～70%。1918年密歇根州官方估计，该州食虫鸟类帮当地农民避免了1000万美元的损失；当地供捕猎的哺乳动物、鸟类、鱼类总价值才50万美元，相比之下鸟类的贡献相当惊人。在控制昆虫数量方面，鸟类在热带的作用比在温带大，因为温带一到寒冷的冬季，昆虫的种群数量自己就少了。

食花蜜鸟类 食花蜜鸟类体型小，但在传粉方面发挥了重要作用，这一类包括了蜂鸟、太阳鸟、旋蜜雀和吸蜜鸟。世界上900多种鸟以花蜜为食，为500多种植物授粉，10%的热带野生植物和6%的农作物，比如香蕉和木瓜，都通过鸟类授粉。相比于风媒授粉，动物授粉更可控，所以生长地远离其他植物的孤立种群尤其依赖动物授粉。只要鸟群没有异常，授粉就能正常进行，而一旦反常则授粉会受到严重威胁。比如新西兰的一种开花灌木大岩桐，依赖新西兰吸蜜鸟和缝叶吸蜜鸟授粉。18世纪70年代整

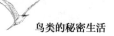

个北岛地区新西兰吸蜜鸟和缝叶吸蜜鸟灭绝了，大岩桐无法授粉，因而繁殖率大跌。

食肉鸟类 食肉鸟类包括食物链顶端的鹰、鸳、雕、鸮、隼、巨隼及其近缘种。高达 90% 的猛禽要么独居要么主要栖息在热带地区，由此可见热带生态系统之富饶。有些猛禽食物固定，如日行性鸟类中唯一仅以鱼为食的鹗、非洲以蛇为食的黑胸短趾雕、以鱼为食的横斑渔鸮和以鸟类为食的游隼。但大部分猛禽对食物类别、觅食地点、时机没有特殊要求，它们本身少有天敌，唯一限制就是彼此间的竞争。全球 500 种捕食性鸟类中三分之一是夜行，进一步降低了对食物的竞争。

鸟种多样性

每个生态系统内部，不同的觅食功能群构成了复杂的鸟类群落，它们都要靠争夺食物、同时避免自己成为别人的食物才能存活。各种生态系统和鸟类群落的规律总体一致，同时也有自己的特点。那么如何比较不同的群落？描述鸟类群落一个最重要的目的是建立基线，以供未来衡量和比对。比如新建风力发电设施、水坝、公路，或者噪音增加，会对鸟类产生怎样的影响？如果我们知道鸟类群落在一个特定系统中的运作规律，就可以衡量项目的潜在影响，提前准备应对策略。那么衡量鸟类生存环境都有哪些标准？评估鸟类群落和变化最有效的方法之一就是评估它的多样性。

关于多样性的定义和重要性，生态学家向来意见不一。其中一种可行的定义是物种丰富程度和均衡度的综合水平，这个定义既考察物种数量，又考察种内个体数量。比如有两个群落，都有3种鸟、30只个体，第一个群落每种鸟类平均10只；第二个群落一种鸟有26只，另两种都只有2只个体，则前一个群落明显比后一个更多样化。但是靠估算很难定义更复杂的群落。

要比较一个栖息地里鸟类多样性经年的变化，必须有可以量化的标准。只要数字变化（比如某一物种个体数量的减少）就代表某些事情发生了变化，就需要进一步研究调查。收集鸟类种群数量数据更重要的原因，是为了精确反映整个生态系统的情况。

麦克阿瑟父子的经典论文，就比较同一栖息地鸟类多样性问题给出了完美的解决方案。通过几周的野外观察，我们可以得到特定地区鸟种总数和每个鸟种个体数量的数据。再用简洁的麦克阿瑟数学方程，就能比较不同栖息地鸟类的多样性。因为鸟类本身通过选择不同的觅食点来彼此分化，所以评估当地的空间构成，即植被结构很重要。我们的评估标准是不同高度的植被密度。比如走进一片树林，脚下有林下草丛，身边有乔木灌木，偶尔会碰到空地，还会有荆棘挡住前路。2英尺高的灌木跟10英尺高的针叶树外形肯定不同，枯木跟普通树木也不同。每个栖息地植物的结构和丰度都不同，鸟类对不同结构的反应也不同。这里想要表明的是，鸟种多样性与栖息地的植被结构密切相关。植被结构越复杂，

能提供的生态位越多，虽然这个概念的很多细节科学界争论不休。

多样性重要吗？多年来生态学家和保护学家一直强调多样性有利于稳定，生态系统越复杂越能抵抗干扰，从灾害中恢复得也快。有人同意有人不同意，但这个观点不无道理。用机械怀表举个例子，表有很多零件，有些重要、有些次要。把表盘上的水晶、秒针、数字标识去掉，表还能正常转，但再拿掉一些零件，表恐怕就不能正常工作了。生态系统也是同样道理。一种食果鸟类消失了，另一些食果鸟类或许可以替代它们的功能继续播种。一种食花蜜鸟灭绝了，另一种也能替代它的位置继续授粉。一种鹰全灭绝了，整个森林也许跟之前没有多大区别。但是如果物种一个接一个消失，丧失的功能越来越多，最终整个生态系统会受到巨大伤害。

一个鸟类觅食功能群的消失不但会影响此地的植物群落、动物群落，甚至会对地质产生影响。加拿大的芬迪湾（the Bay of Fundy）连接着纽布伦斯威克（New Brunswick）、新斯科舍（Nova Scotia）和美国的缅因州，这里经常有迁徙的滨鸟。滨鸟以甲壳动物（像虾一样的小动物）为食，一只丘鹬每天可以消化一万只。甲壳动物以硅藻（多数为微型、单细胞藻类）为食。硅藻虽小，数量却多，在潮汐生态系统中发挥了重要作用，它分泌出的黏性化学物质能加固海边泥沙。在这个系统中，如果滨鸟消失，甲壳动物数量就会增加，硅藻数量就会减少，海岸线就会受到侵蚀，后果将非常严重。再举个例子，很多种欧洲橡树主要依赖松鸦传播种子。

松鸦摘了橡果埋在荒废的农田、田野、林间空地里，等秋天食物缺乏时再回来取。一对松鸦一个季度能储藏、散播几千枚橡果。它自己吃掉很多，但也剩下了很多，剩下的就慢慢长成了树。松鸦数量下降的话，会影响橡果播种，威胁到橡树的生存。

4. 捕食的影响

捕食对鸟类群落也有影响，捕食造成猎物数量下降是直接影响，而猎物行为因此改变是间接影响。有些学者认为，非致命性捕食（没被吃掉）对鸟类的影响不比致命性捕食（被吃掉）小，甚至可能更大。如果为了避免被捕食而改变行为、减少觅食时间，亲本和雏鸟都可能挨饿。因为害怕被捕食，鸟类可能放弃领地防御、降低求偶次数。捕食鸟类的猛禽，可以帮助削减某些鸟类的种群数量，防止其过度利用某些资源，是建立和维系鸟类群落结构的一个重要环节。

比如鹰和鸦捕食小型鸟类，这些小型鸟类为了躲避捕食者会减少觅食次数。芬兰科学家测量了鸣禽巢到红隼巢的距离，发现离得越近鸣禽巢数量越少。隼喜欢视野开阔的栖息地，它的猎物通常离隼巢很远，方便及时发现隼、及时逃走。但是另一种在森林栖息的猛禽雀鹰，对附近鸣禽的筑巢地点没有太大影响，因为森林里高矮灌木和树木多，可供鸣禽筑巢、躲避的地点多。

牛津大学的混合针叶林——威萨姆树林（Wytham Woods）

一直是鸟类研究的旺地。早在1947年，科学家就开始研究这里的青山雀和大山雀，这两个鸟种的每只个体基本上都被环志了。科学家在树林里安放了1000多个巢箱，通过认真观察获得了大量数据，覆盖两个鸟种各方面行为，其中就包括被捕食的压力。每年20%～25%的山雀被雀鹰捕食，但山雀的种群数量波动不大。正因为有的个体被捕食，新迁徙来的山雀才有空间生存，而且新来的多数是处在求偶期、筑巢期的新生个体。在这里，捕食者和山雀之间达到了生态平衡：捕食者捕食一些山雀，又有新的山雀加入；能够被捕食的山雀数量反过来又限制了捕食者的数量。

猛禽产生的威胁还有一些实际应用。比如伦敦市为了控制特拉法尔加广场（Trafalgar Square）上原鸽的数量，专门雇驯鹰人定期用受过训练的栗翅鹰来给鸽群施加压力。于是到2005年鸽子的数量终于从4000多只降到了几百只。全球各地的机场常用猛禽驱逐机场附近的鸥和黑鹂等小鸟，防止鸟撞。光美国每年就有6000多起飞机和鸟相撞的事故。猛禽也对哺乳动物的数量有影响。有一项研究估计，每只仓鸮一生能吃掉11000多只老鼠，如果放之不管，这些老鼠则要吃掉13吨粮食。黄爪隼喜欢吃大型昆虫，其中就包括对农作物有严重威胁的蝗虫。欧洲的黄爪隼数量正在降低，据西班牙科学家研究，这是由于大片草地被改成向日葵田，不利于它们觅食。

　　鸟类不是成天坐等被捕食，面对被捕食压力时它们不是束手就擒。被捕食的鸟类有很多反捕食策略，如逃跑、躲避、隐蔽羽色、集群觅食（眼睛越多意味着越好的警戒效果）。有些鸟种还演化出了特殊的行为，如双领鸻的翅膀拟伤行为：双领鸻会假装

黄爪隼，分布范围从地中海至亚洲，欧洲的种群数量正在降低。

翅膀受伤从空中掉落或者拖着翅膀在地上走，引诱饥饿的捕食者尾随，其实是为了吸引它们的注意力，把它们引离鸟巢。等远离鸟巢、到了相对安全的地区，它们的翅膀就奇迹般恢复了，瞬间就飞走了。哀鸽、麦鸡（麦鸡英文名［lapwing］的字面意思是"拍打翅膀"，但它不是因为这个反捕食策略得名，而是因为它们在飞行中鼓翅方式很特别、很反常）等很多鸟类都会用这招。

一些滨鸟腹部有条状或带状图案，类似斑马和老虎身上的条纹，作用都是为了模糊自身的轮廓，更好地隐藏自己。夜鹰、鸮和很多雀、燕雀等的羽毛是各种深浅的棕或黑色，也是利于它们隐藏。美洲麻鳽颈部有纵向的棕色粗条纹，它藏在湿地的芦苇和香蒲中时几乎跟背景融为一体。它还把喙转向天空，把羽毛梳得柔顺光滑，让体型显得更细，好让捕食者和猎物都发现不了。甚至刮风时麻鳽还随着风前后摆动，看上去像芦苇随风摇晃。

中南美洲日鳽栖息在热带森林中较开阔的河流边，这个位置很容易被猛禽发现。而且它飞得不快，除了过河，大部分时间都在地上行走。它受到威胁时，双翅垂直竖起，尾羽也抬起，填充双翅间空隙。翼上红棕色、金色、褐色的羽毛拼成大型猛兽眼睛的图案。日鳽的雄鸟、雌鸟和幼鸟的羽毛上都有这种图案，换句话说，幼鸟成长过程中羽毛没有过渡状态，说明这是一种防御机制，不是求偶机制。

有一种防御行为你可能不陌生：在一片空地上，很多鸟"围攻"一只暴露了的捕食者。小型鸟类发现捕食者后马上向同伴发出警报，边叫边冲向捕食者，想把它赶走或者骚扰一下也好。等有几只鸟闻讯赶来就开始围攻，随后会有更多同伴加入。典型的有围攻行为的鸟是鸥和燕鸥，很多鸣禽也会采取这样的行为。无论是猫、乌鸦、猛禽还是其他类型的捕食者，无论是从树干、树杈、树篱还是其他什么地方进攻，捕食成功的关键在于隐蔽，但是围攻行为恰恰暴露了它们的行踪。捕食者靠近鸟巢时被捕食者围攻得最激烈。被捕食的小型鸟类如果能提前侦查到捕食者，它们就占了上风，甚至能反攻。乌鸦和以滑行为主的鹰和鹭经常被比自己体型小的一群鸟追赶，它们没小鸟灵活，只能逃之夭夭。但是，即使灵活如库氏鹰和游隼，也常被小型鸟类围攻。红头美洲鹫、鱼鹰、大蓝鹭根本不捕食鸣禽，小鸟们碰见了照样围攻，赶跑大型鸟类是它们生存的本能。被捕食风险越大的鸟越积极参与围攻，如在空地筑巢的鸥和燕鸥，而在悬崖、岩架上栖息的鸟类没有这种行为，因为捕食者没法飞到它们的巢这里。除了围攻和发出警报，有些鸟类还会朝猎食者排便或者吐东西，而且出奇的准。

不同捕食者对猎物的威胁程度高低不同，所以小型鸟类的警戒鸣叫也根据危险程度而有所区别。集群营巢的阿拉伯鸫鹛有两种警报鸣叫。年龄最长的雄鸟通常经验最丰富，对危机最敏

这幅 17 世纪时的插图，展示的是猫头鹰正被一群不同种鸣禽组成的鸟群围攻的场景。

感，它们栖息在领域最外层。一种鸣叫是短促的、类似金属撞击的"嗞嗞"声，另一种是颤音。猫、蛇等不会飞的捕食者接近时，鸟发颤音警报，猛禽接近时发出"嗞嗞"声警报，表示情况紧急。集群营巢使得鸟类有更多双眼睛时刻保持警惕、驱赶捕食者，这可能是应对捕食者压力而演化出的行为，提高了鸟类的存活概率。

5. 外来种类

我去过 100 多个国家，每到一个新地方，一下飞机第一件事就是观察周围的鸟。我看见的第一只鸟是外来物种。我第一次去南非的经历印象尤其深刻，飞机落在约翰内斯堡以后，我下了登机架，居然在台阶旁的柏油路上看见一只家麻雀。

人类老早就开始把鸟类带来带去。家麻雀是 1861 年被引入美国的，在此之前乡村、田间、城里最常见的是棕顶雀鹀。奥杜邦是这么形容的："鹀是美国最常见的鸟类，它们温和、小巧、无害。" 1890 年一个名叫尤金·席费林（Eugene Schieffelin）的德国人在纽约中央公园释放了大概 60 只紫翅椋鸟。他是美国驯化协会主席，他们这个由纽约人组成的小群体致力于把欧洲的动植物引进到新大陆。但那时候的美国好像一个大熔炉，正处在接纳欧洲移民的高峰期，新移民觉得有点来自家乡的东西挺好。席费林自己十分喜欢莎士比亚的作品，他决定要把莎翁著作中的所有鸟类带到美国，比如《亨利四世》（*Henry IV*）中的椋鸟，《罗密欧与朱丽叶》（*Romeo and Juliet*）中的云雀。其他一些，如爪哇禾雀、苍头燕雀、欧亚鸲没能适应新环境。此外，1606 年法国人把原鸽从加拿大新斯科舍省罗耶尔港引入美国，可能一开始是想作为食物。

紫翅椋鸟被引入美国的同时，原生于中国和印尼的八哥被带到了加拿大温哥华和英属哥伦比亚，到 1920 年为止两地的八哥数

量已达到 2 万。八哥的数量逐渐趋于稳定，因为它们不太能忍受山中的寒冷，只能一直在城市周围生活。1950 年紫翅椋鸟分布范围向西扩大至温哥华。椋鸟和八哥的生态位接近，它们的食物类似，都喜欢在建筑物屋檐下筑巢。但也有一些区别，八哥的演化发生在温暖的地区，而椋鸟原本就是温带地区演化出的鸟类，所以椋鸟的御寒能力比八哥强，低温下存活概率更高。另外，虽然八哥和椋鸟每窝产卵数都是 4～6 枚，但孵卵时间有别，八哥来自半热带环境，先天习惯是用半天时间孵卵，而椋鸟全天工作，所以椋鸟幼鸟的成活率更高。久而久之，椋鸟数量增加、八哥数量减少，到 2003 年温哥华的八哥就灭绝了。

如今北美约有 2 亿只椋鸟。外来物种能在新生态系统中生存的决定因素到底是什么？从古至今人类尝试了成千上万次，几百种鸟类被带去新环境。多数不能适应新环境，或者只有少数个体适应了新环境，但偶尔也有适应得特别好的。一个决定性因素是鸟类原来的分布范围：原有分布越广，能适应的气候和食谱就越宽，越有可能在新环境中存活。紫翅椋鸟原本的分布范围从欧洲一直延伸到了西亚；家麻雀更宽，横跨东亚、印度和北非。分布范围广的鸟类通常繁殖子代数也多，向周围扩散得也快。资源利用更多样的鸟类更容易占领新栖息地，在新环境中找到资源，灵活地调整行为，适应新的生态位。多样性程度高、没有被干扰的生态系统一般很难接纳新成员，但已经被干扰的生态系统则有空余的生态位，外来物种随时可能来填补。

　　紫翅椋鸟和家麻雀能被成功引入并进一步扩散开来，是因为北美的气候与它们原本的生存环境类似，而且它们占领了鲜有其他鸟类的城市和乡村。这两种鸟本身也比较大胆。如今美国约有90种外来鸟类无拘无束地生活在这片天空。多数鸟种个体数量不大，是相对孤立的种群，但也有少数鸟种（不仅是紫翅椋鸟、原鸽和家麻雀）现在已经兴旺到你根本想不到它们是外来的，比如环颈雉和疣鼻天鹅就是如此。多数外来鸟种都是特意引进的，但有约三分之一是偶然引进的。曾有130种鸟被引入新西兰，只有41种存活了下来，且发展情况不同。18世纪初，殖民者把他们英国家乡的鸟类带到岛上以慰思乡之情，其中紫翅椋鸟和家麻雀很好地适应了当地环境，而黄道眉鹀种群一直没法壮大，歌鸫更是完全没适应新环境。

　　外来鸟类到了新环境中有多种发展的可能，比如：很快消失、建立一个小的种群、平稳并入当地生态系统、对农业或养殖业造成威胁、种群数量超越本地鸟类等。夏威夷群岛原始物种中的35种鸟类濒临灭绝，部分是因为栖息地遭破坏，部分是因为外来鸟种及老鼠和獴的威胁。现在夏威夷有58种外来鸟，先前引入的82种没能存活下来。1929年被引入的日本绣眼鸟成功侵入原始林，抢占了8种本地鸟类的生态位，使这些不幸的"原住民"生存受到严重威胁，更易染病。研究人员对岛上7种特有物种进行

了长达19年的持续研究，记录其体重、喙的长度及跗跖骨长度，发现它们体重越来越轻，喙和跗跖骨越来越短，因而存活率降低。其中一种濒危的管舌雀——红管舌雀几乎是随着日本绣眼鸟数量的增加而同步减少，最终灭绝。

灰斑鸠是另一个外来物种"成功案例"。19世纪初时灰斑鸠原本的分布范围是亚洲和土耳其南部的温带和亚热带地区。20世纪20年代早期，它们开始向欧洲扩展；到20世纪70年代作为一种宠物鸟被引入巴哈马，1982年这批鸟类当中有一些逃逸个体到了佛罗里达州，现在北美洲、欧洲、亚洲，甚至冰岛和北极圈都有灰斑鸠的身影。它们能承受的温度范围广，喜欢在人类居住地周围筑巢繁殖。虽然每窝只产两枚蛋，但一年产3～6窝，这种超强的繁殖能力也是它们能快速扩散的原因之一。应该说，正是由于这种超强的繁殖能力，得克萨斯州的灰斑鸠数量才能以每年15%的速度增长，有些州甚至有专门的灰斑鸠狩猎季节。

澳大利亚和新西兰专家的最新研究强烈支持一种新观点：从自然、未受干扰的环境到受到干扰的环境，外来鸟类和本土鸟类自动沿着特定梯度线分布。两个类别有很多连贯的分布界限，从外来物种构成的人工林到未受干扰的原始林，从稀疏开阔的植被环境到茂密的、有着高低错落植物组成的植被环境。越是受到干扰的环境越适合外来物种落脚。一般来说，外来物种很难入侵原生、未受干扰的生态系统，一旦生态系统受到干扰或者被分割成小的斑块，外来物种就能在新环境空出来的生态位中立足。

环颈雉是亚洲物种，1881年至1882年被引入华盛顿州和俄勒冈州，在这里生存繁殖。10年后，俄勒冈州的第一次雉类狩猎季捕获了5万只环颈雉。农田和临近的灌丛都适合环颈雉栖息，它们很快遍布全美。这种适应能力极强的鸟甚至在热带的夏威夷数量也不少。如今很多地方的环颈雉数量均有下降，这是多种原因造成的：清洁型农业流行、杀虫剂泛滥、草场面积缩减、谷物种植向块根作物种植转换、气候变化等。

———◇———

总而言之，鸟类群落由许多物种组成，物种之间相互影响、相互制约，十分复杂。在这些影响之外，还要受到无数外部环境因素和植被结构左右。鸟类群落有高度组织性，成员间能够合理分配资源，保证所有个体都能繁殖足够多的下一代，以至于能顶替自己在群落中的位置。不同鸟类在群落中扮演不同角色，有食腐者，有捕食者，有食花蜜的，有食谷的，它们的身体和生理适应了环境，因而它们拥有了一个生态位。鸟类群落结构复杂，很难在众多因素中明确区分因果，所有成员在一定程度上都互相影响。与人类的社群一样，鸟类群落也一直在变动，每一小时、每一代都与之前不同。而鸟类群落中的生物已经演化出了适应环境

波动的生存技能。这些鸟类都是在时间的流逝中不断演化的优胜者。随着人类社会的不断发展，基础设施的覆盖面积越来越广，势必会继续影响自然环境中的鸟类。它们能适应吗？也许吧。下一章我们将讨论这个问题。

七、人类影响
—— 更加艰辛的鸟生

> 如果没有法律保护、公众青睐、迷信盲目，或受到其他特殊情况的保护，（鸟类）就会更严重地遭受人类文明的打击。即使殖民者最初的做法有利于许多鸟种壮大，但农村产业和机械工业的扩张对鸟类造成了各种毁灭性打击，甚至那些没有受到人类直接作用的种群也无法幸免。
>
> —— 乔治·帕金斯·马什（George Perkins Marsh），
> 《人与自然》（*Man and Nature*）

亚历山大·威尔逊（Alexander Wilson）在其1840年出版的《美国鸟类学》（*American Ornithology*）中描述旅鸽："数量多到难以置信，世界上其他任何鸟都望尘莫及。"仅一个北美种群就有三五十万只个体，它们成群结队飞行时真是遮天蔽日，人们狩猎时也都是半留半扔的不用珍惜。1855年纽约州每天有18000多只旅鸽死于商业捕猎。密歇根州一年就猎杀了10亿只。1914年，

最后一只旅鸽在动物园中死去，整个物种灭绝。类似的悲剧数不胜数，1455 年，新西兰不会飞行的恐鸟终于在毛利人的猎杀下灭绝了。1675 年，在捕猎和外来物种的双重打击下，最后一只渡渡鸟在地球上销声匿迹。20 世纪，地球上有 100 多种鸟灭绝，大部分死于人类猎杀和引入的陌生捕食者（猫、狗、蛇、鼠），另一些则是由于栖息地消失。

如果有一天你回到家发现家被毁了，银行里的钱被人提走了，陌生人在你家晃来晃去，你会不会惊慌恐惧？也许你能接受现实，重建家园，恢复物质和经济上的损失；也许你在别处找到了合适的居处，从此搬离旧地；也许你从此流离失所，陷在贫困和饥饿中每况愈下。这是灾难后常见的景象，人类凭借无穷的智慧总能在灾难中恢复过来。若你是鸟呢？你在长途跋涉后回到森林中的繁殖地，结果原来是参天大树的地方只剩下了一些散落的小树苗、灌木和花草，零星地分布在崭新的房屋街道之间。陌生的鸟侵占了你原本的生存区域，你原来的食物都不见了。你有把握活下去吗？

鬼斧神工的演化过程通过上亿年的自然选择已经使鸟类近乎完美，不能适应自然环境实时变化的就会被半路"抛弃"，成千上万的物种在演化过程中逐渐掉队。在气候变化、大陆漂移、火山爆发、森林火灾等自然灾害的影响下，生物历经变化，抛弃无用的、提升利于生存的结构和行为。有时候变化很慢，经过几代才能看出效果，但无论要花多久，生态系统总能恢复活力，而鸟类群落也能适应这种变化并在各自的栖息地存活下来。但工业革命以来，物理环境变化速度越来越快，鸟类有些跟不上了。未受人类活动影响的地区越来越少。新德里这样的城市几乎一只鸟也看不到，纽约、伦敦这些大都会也只剩下家麻雀和原鸽，少有其他种类。

即使是以保存良好的原始风貌著称的新西兰，115 种特有鸟类中的 40 种也已经灭绝了，而 41 种外来种反客为主。1769 年植物学家约瑟夫·班克斯（Joseph Banks）跟随库克船长（Captain Cook）来到新西兰时描述的景象是这样的："今早我被 400 米开外的海滩上的鸟鸣叫醒了，这里的鸟真多。"可是在这样一个富饶的新西兰，灭绝的鸟类也比任何一个国家都多，还活着的陆生鸟类也在遭受着严重威胁甚至濒临灭绝。黑脸王鹟是东澳大利亚常见的鸟，而在新西兰，上一次确定出现还是在 20 世纪 90 年代末，而且是被捕食它的猫抓到的。我们只能由此推测，它们曾经生活在这片岛屿上。每个国家都面临着不同程度的鸟类灭绝问题，一些国家采取了多种方式保护鸟类，如建立保护区、制定环境法律、开发生态旅游等，即使很多时候这些方法收效甚微，但至少比什么都不做要强。

在这种进退两难的境地里，有一个很有趣的特殊现象。1953 年朝韩战争之后，韩国和朝鲜中间建立了非军事区域，维持两国和平。这片长 150 英里、宽 2.5 英里的区域人迹罕至，很多动植

黑脸王鹟

物却在此安家，包括一些人们以为已经从朝鲜半岛灭绝了的物种。这个区域成为东亚－澳大利西亚迁徙路线上的重要补给站，丹顶鹤、白枕鹤、白鹤都在此停留。这个特殊的例子证明，如果生态环境能自由发展，自然群落的恢复能力非常强。

如果没有人类干扰，按照自然灭绝的速度，一个世纪大概只有一种鸟会消失。但在过去500年里，世界上约有200种鸟灭绝，现存的1200种鸟濒临灭绝。到2050年左右，鸟类将以每年一种的速度灭绝。本来，鸟类能随着所处的环境和生态系统的变化而演化，它们的适应能力极强，但现在环境变化太快了，完全超出了它们演化的速度。根据 540 种脊椎动物一直以来的演化速度，到 21 世纪末，动物演化的速度得加快 1000 倍才能赶上气候变化的速度。而气候变化的速度跟其他影响相比却根本不算什么，最紧急的问题应该是栖息地的消失。

1. 栖息地破坏和恶化

栖息地破坏和恶化是威胁鸟类的最直接问题。当草地变成了玉米地，当森林变成了住宅楼，原本在这些地方生活的大部分鸟类都会消失。坐火车穿越加利福尼亚州的萨克拉门托三角洲和旧金山湾区，沿途会经过富饶的河口湾和湿地，那里野鸭成群，鸬鹚结队，鹈鹕不时掠过，滨鸟来此越冬已有千年。可再往前行，这些美好的景象就被打断了，炼油厂、制糖厂、大商场、赛车道、废弃厂房、中途停工的柏油地面占据了视线。这些设施的存在也许自有价值，但我不明白为什么修车厂一定要建在珍贵的水鸟栖息地边上。

欧洲的研究人员回顾了 1980 年至 2009 年间 25 个欧洲国家进行的鸟类调查，总结了 144 种鸟类的种群数量变化趋势。不到 30 年间有 4.21 亿只鸟消失了，这个数字只能用触目惊心来形容；其中 90% 都是常见种类，如云雀、家麻雀、灰山鹑和紫翅椋鸟等。在环保努力和高强度立法保护之下，有些鸟类的数量确实有所增加，如大山雀、青山雀、乌鸫、欧亚鸽、叽喳柳莺、黑顶林莺，甚至鹪、

白鹳和石鸻等珍稀物种。但相比于失去的，这些增长仍是微不足道的。城市化程度不断加大，集约农业造成环境中农业化学品的含量增加、树篱面积减少，是鸟类种群数量下降的主要原因之一。

鸟类数量减少与栖息地消失基本比例相当。比如栖息地退化30%，鸟类也将减少30%。但上限是50%，即当栖息地破坏超过50%，鸟类减少的幅度将超过一半甚至灭绝。栖息地破碎化指的是一个广阔的栖息地被分割成更小的部分，通常会引发斑块间的植被消失，进而改变种群动态，影响鸟类群落结构。与完整的栖息地相比，破碎栖息地的斑块边缘面积增加。边缘效应将改变风速、日照、食物种类和食物数量等因素，而且变化结果通常不可预期。瑞典中部一处森林因伐木而破碎后，森林边缘的节肢动物数量减少，而加拿大的一处森林分化后半翅目昆虫的数量却增加了。边缘效应对鸟类多样性的影响也不固定，生境破碎化的结果取决于环境的分割情况、当地鸟类的种群结构、附近地区的生境类型等。

对厄瓜多尔一个热带森林的研究显示，森林面积减小通常会导致鸟种数量减少，但栖息地受干扰对鸟类产生的影响无法一概而论。如果影响程度较低，森林仅仅退回到较近的演替阶段，如此一来开阔的空间变多，阳光更充足，更多植物得以生长、繁殖，鸟类物种多样性可能增加；如果影响程度较高，森林退回到较早的演替阶段，植物种类和数量减少到不足以支撑鸟类群落，那么鸟类的物种多样性就会受到威胁。栖息地变化对不同的鸟类功能群影响不一样。比如一处栖息地遭到破坏后，食花蜜鸟类会随着产蜜植物的变少而减少；但一些生境被干扰后产浆果的灌木增加，食果鸟类数量就会随之增加；如果破坏造成了禾本科植物数量大量增加，食谷鸟类的数量甚至会翻倍；食虫鸟类也许也会增加，因为现在有时跟食虫鸟类争夺昆虫的食花蜜鸟类变少了。1988年，墨西哥一次大型飓风过后，食花蜜鸟类和食果鸟类数量都减少了（因为飓风把花和果实都吹落在地），相比之下，杂食性鸟类和食虫鸟类几乎不受影响。此外，某处栖息地遭到破坏时，来此越冬的候鸟受到的影响一般比本地留鸟小，因为非迁徙鸟类通常只吃特定的食物，而候鸟在越冬地通常食谱范围很大。

新西兰一处森林被砍伐后留下大片光秃的边缘地区。

　　自然环境的变化方式对美国郊区鸟类群落结构的影响很大。在没有自然生境的城区，只能看到成群的家麻雀和紫翅椋鸟等。在林地里建立村落会导致树木与鸟类数量减少，但如果有计划地保留当地植物，等植被逐渐恢复，鸟类多样性也会增加。在沙漠及干旱灌木地区，郊区的发展和人工灌溉会显著增加当地植物的多样性，而这也意味着会有更多的鸟类。美国洪堡州立大学的研究发现，加利福尼亚州阿卡塔地区（Arcata）公路面积增加后，鸟类种群数量和种群多样性降低，但外来鸟类的数量反而增加了。

　　美国东南部白眉食虫莺的首选栖息地是藤丛和沼泽。这类栖息地逐渐消失后食虫莺转而在新生的矮松树上筑巢繁殖——新生矮松树与它们原本的茂盛的林下植物生境多少有些类似。为生产纸浆而种植的这些松树在最初生长的七八年时间里，为食虫莺提供了适宜的筑巢生境，可一旦松林长到40英尺，演替会导致林下植被不再浓密，食虫莺就离开了。美国东南部约6000万公顷的松树林，有些已经长成、有些还是小树，所以食虫莺总能找到合适的筑巢地。

　　相比之下，对栖息地十分挑剔的物种面临的挑战就非常大了。黑纹背林莺只能在幼年的短叶松上筑巢，而短叶松只在密歇根州北部一小片地区生长。50年前，黑纹背林莺一度濒临灭绝，通过生境恢复，现在逐渐恢复到5000只左右，分布范围也在缓慢扩大。2001年时全球只剩下6只长冠八哥，几乎灭绝。如今巴厘岛上长冠八哥已经增至 50 只，被引入附近小岛后，又繁殖出 60 只左右。很多濒危鸟类生存在小岛上。全球仅有的 20 只查尔斯嘲鸫全部生活在加拉帕戈斯的两个迷你小岛上，仅存的大约 100 只仙蓝王鹟生活在印度尼西亚的桑义赫群岛。有时候无须是海岛，大陆上被水包围的岛屿也可成为栖息地，例如洪都拉斯蜂鸟就住在洪都拉斯三个孤立的内陆溪谷里。

　　栖息地破坏对鸟类群落的影响很复杂，最重要的是具体情况具体分析。同时要最大限度地减少栖息地破碎化，采取环境敏感型措施，比如选择性伐木、在农田周围保留自然植被、在城市和城郊种植多样化的乔木和灌木，这些措施大大有助于保护鸟类群落的多样性。

长冠八哥种群正在复兴。

2. 全球气候变化

气候变化带来的影响我们耳熟能详：大气和海洋温度升高、珊瑚白化、冰川融化、海平面上升、海岛消失。但很少有人知道，因为暖冬，小蠹虫不再被冻死，继续啃食树木，导致落基山脉大片森林被毁。鸟类栖息地受到影响毋庸置疑，问题是：它们能否适应、怎么适应不断上升的温度？

北半球春季日照时间变长则表示气温将要升高，所以自古以来鸟类就把光周期变化作为迁徙的信号。随着土壤和空气温度升高，土壤湿度也会产生变化，植物开始生叶、开花、产蜜、结果。昆虫和其他无脊椎动物渐渐复苏。但气候变化、温度升高后，植物提前开花，昆虫提前复苏，与候鸟到达时间衔接不上，影响了候鸟的食物供给。这些变化对生物的生存既有直接的短期影响，也有长期影响。春季是繁殖的季节，保证充足的食物供应是关键。如果错过食物丰富度的高峰期，鸟类将面临严峻挑战，靠鸟类授粉的植物也无法充分授粉，只有植食性昆虫可以随心所欲地享用食物，直到鸟儿姗姗来迟。

留鸟和短途迁徙的鸟类勉强能应付，迁徙时间和路线越长的鸟类受影响越大，种群数量下降越明显。在西非越冬的黑白色食虫鸟类——斑姬鹟有些区域的种群数量下降了90%。斑姬鹟到达的时间没变，但昆虫活跃的时间提前了，两者没能达成同步。迁

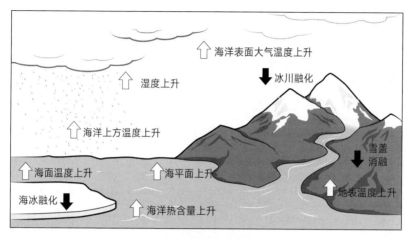

地球变暖的十大标志

徙行为是由遗传决定的，但也不是完全不能改变，有些鸟类就在调整。为了早点抵达繁殖地，有些迁徙种群中的个体将越冬地点稍稍往北调整，春季提早离开越冬地，或者回程飞得快些。冰岛的黑尾塍鹬种群向北迁徙的时间已经提前了两周。最初黑尾塍鹬并没有调整春季迁徙的到达时间，由于天气变暖，反而将繁殖期提前，让雏鸟有机会生长，并提前向南迁徙（前往英格兰、爱尔兰、法国）寻找最适宜的越冬地。下一个迁徙季，长大的子代提前开始北迁。随着老一辈成鸟数量逐渐减少，后代也能更加适应变暖的天气。美国鸟类保护协会（the American Bird Conservancy）指出，2012年北美有20多种候鸟的抵达时间比1965年提前了3周。旅鸫现在比1995年提前2周到达科罗拉多州。30年的监测数据表明，

在英国牛津郡繁殖的鸟类迁徙的出发和到达时间都提前了 8 天。

许多鸟类，包括至少 7 种北美森莺（蓝翅黄森莺、蓝翅虫森莺、金翅虫森莺、黑喉灰林莺、松莺、黑枕威森莺和栗颊林莺），在过去 24 年间，分布区平均向北移了 65 英里。奥杜邦学会研究显示，北美几乎 60% 的常见鸟类分布区都平均向北移动了 35 英里，60 多种鸟类的分布区甚至北移了 100 多英里。到 2080 年，巴尔的摩金莺队 ① 可能需要改名了，因为到那时候他们队毛茸茸的吉祥物橙腹拟鹂已经从马里兰迁到加拿大繁殖了。明尼苏达州也需要新选一个州鸟，原来的州鸟——普通潜鸟受不了这里的高温，整个繁殖区都在往加拿大迁移。只有红顶啄木鸟的分布区原地没动，这可能是因为它生态位太狭窄，只能生活在美国东南部的松林里，没法移动。根据康奈尔大学鸟类学实验室"圣诞节鸟口调查"项目 35 年来在北美的数据统计，为了适应温度上升，鸟类至少需要 30 年才能完全调整好自身的分布范围。

3. 玻璃、捕食者和其他困境

栖息地消失、气候变化问题越来越严重，而且短期内似乎难以控制也无法避免。但是鸟类还面临许多其他严重的人为问题，不过它们在一定程度上可以缓解。

---

① 美国职棒大联盟的职业球队之一，位于马里兰州巴尔的摩，以橙腹拟鹂命名，又称巴尔的摩拟鹂。——译者注

鸟撞玻璃事故

你有没有撞到过玻璃门？鸟撞玻璃事故专家丹尼尔·科勒姆（Daniel Klem）介绍，美国每年一亿多只鸟因为没看见透明的玻璃而撞死，玻璃事故是继栖息地破坏之后直接造成鸟类死亡的第二大杀手。不久前我收到过旧金山一家建筑公司的电话咨询。他们要在湾区设计一幢建筑，墙体多用玻璃材料，这对留鸟和迁徙鸟类都存在威胁。早前旧金山规划局就意识到了这个问题，颁布了鸟类安全建筑标准（纽约、多伦多、芝加哥都有类似法规）。所以该公司建筑师想委托我参照标准给他们一些指导。我做了很多调查，还向科勒姆博士进行了咨询。最终，因为公众的反对，项目没能进行下去。

19世纪前，大部分建筑是用砖、石头、木头做材料。随着新型材料和新设计理念的流行，很多建筑物开始采用玻璃幕墙。鸟通常看不见玻璃，它们要么直接透过玻璃看到对面，要么看见玻璃上反射的植物以为这是个安全的廊道。鸟撞玻璃事故的死亡率高达50%，死因通常是脑出血或脊柱受损。目前无法确认那些没当场撞死、继续飞走的个体会不会有后遗症。所以，为了减少这类事故，我们可以在玻璃上装个屏幕、贴照片或者胶带，在玻璃墙上挂设装饰物，或者在玻璃表面贴一层薄膜，让鸟类看着不是透明的。一家德国公司利用鸟类能看见紫外线的原理，在玻璃里

内置了交叉的紫外线反射条，这样鸟类能看见玻璃，而人眼看上去还是透明的。使用有点状或线状图案的网格玻璃，也能帮助鸟类辨认玻璃的存在。还可以改变玻璃安装的角度，让它不再垂直，而是顶部向前、底部回收，与地面成一个锐角。和垂直的玻璃相比，这样不但减少了鸟类与玻璃相撞时的力道，也能在底部给撞晕的鸟类留出空间，稍稍缓一下。

鸟撞玻璃事故随时随地都可能发生，但频率最高的还是一层或底层的大玻璃幕墙。迁徙季节鸟类一直在移动，此时是事故高发期；冬季来投食处觅食的鸟类也经常撞上玻璃。所以如果你家里有喂食器，建议把它放在离玻璃至少3英尺内的地方，这样鸟

多伦多大学的建筑墙面采用有图案的玻璃，以降低鸟类撞上的可能性。

类离开时速度还不快；或者干脆放在远离房子的地方，这样附近就不会有任何玻璃窗了。

科勒姆博士介绍说，有些稀有鸟类的处境因为玻璃事故而变得更加危险，包括澳大利亚的红尾绿鹦鹉、北美的白喉林莺（已加入濒危物种观察名单），美国东南部和加勒比海沿岸的黑田鸡、密歇根州的黑纹背林莺和西印度群岛的纯色鸽。与栖息地破坏和气候变化不同，个人和集体的努力可以为建筑物和窗户提供有效的防止鸟撞玻璃的方案。假如没有人类的帮助，鸟类便没有避开玻璃的生存技能，所以解决鸟类安全问题刻不容缓。

猫和外来捕食者

4000 多年前，古埃及人驯化了野猫，把它们作为圣物，死后甚至制成木乃伊（古埃及一座专门的猫公墓里埋葬了 30 万只猫）。公元前 1000 年左右，古希腊和腓尼基商人为了控制船上的有害动物把猫带上了船，顺带将猫传播到了中东和欧洲。古罗马的军队用猫保护粮食，撤兵后猫就留在了英国和欧洲。19 世纪开始，美国家庭为了控制啃食农作物的老鼠开始养猫。

如今美国约有 7700 万只宠物猫，而全球约有 6 亿，这还没算上野猫。英国一项研究显示，猫的密度高达每平方英里 665 只，不幸的是，猫的数量跟鸟类物种数量成反比。只有三分之一的猫被主人关在家里，也就是说，剩下的三分之二都在户外觅食。美

国科学家把小型摄影机装在自由觅食的猫身上，根据录像估计，美国的宠物猫一年要吃掉10亿只鸟。加上野猫，这个数字进一步增加到40亿。英国、澳大利亚、新西兰也是类似水平，这让人感到担忧。世界上已经有33种鸟大概是因为被猫捕食而灭绝了。唯一的安慰就是，猫吃的可能主要是自身适合度偏低的个体，其中的大部分即使没有猫也不太能存活下去。

猫吃鸟的问题很难解决，也许可以先从野猫下手。我家乡的城市公园一直是遗弃宠物的热门地区。我每次散步总能看见几十只野猫，年轻个体尤其多，同时我还注意到，公园里的一些鸟类，比如珠颈斑鸠，逐渐消失了，栖息在灌木等低矮植物上的唧鹀、鹟、鸲的数量也急剧下降。与此同时，猫奴们还喜欢给流浪猫投喂食物，这进一步增加了流浪猫的数量。幸亏爱猫联盟志愿协会已经开始捕猫，然后给它们寻找领养家庭。公园里已经少了上千只野猫，几年后有些珠颈斑鸠和其他鸟又出现了。

不幸的是，公园里永远有野猫，无论哪国都没法杜绝。斯蒂芬岛异鹩是一种不会飞行的鸣禽，仅在新西兰附近的斯蒂芬岛分布。它们数量本来就不多，岛上灯塔看守人的猫促成了1900年左右斯蒂芬岛异鹩的灭绝。另一座新西兰的小巴里尔岛（Little Barrier）1870年前后开始有猫出没，导致小巴里尔岛沙锥灭绝，北岛鞍背鸦在当地区域性灭绝，灰脸圆尾鹱、黑脚圆尾鹱和黑风鹱数量大幅下降。1905年，新西兰坎特伯雷出版社（Camterbury

北岛沙锥，绘于1844，该种大约于1870年灭绝。

Press）这样评价："有些孤岛上还有一些，或者说希望还有一些有趣的特有鸟类，所以我们希望海洋局把灯塔看守人送到这样的孤岛上时保证他不带猫上去，实在不行政府就出资帮他把鼠夹擦擦新、打打油。"

鸟类的外来捕食者不仅有猫，狗、羊、鼠、蛇、负鼠等动物也是导致海岛上的鸟类灭绝的主要杀手。美国关岛（the island of Guam）上几乎所有的本土鸟类，包括深红摄蜜鸟和关岛阔嘴鹟，都因为褐林蛇的出现而区域性灭绝了，褐林蛇是"二战"后从新几内亚来的一批二手家具中不小心被带来的。发现岛上到处都是

鸟类和蜥蜴之后，蛇以每年 1 英里的速度往前推进。

　　一项针对 220 个海岛的研究显示，持续性地引入捕食性物种，每次都会导致当地鸟类特有种数量减少。随着特有种减少、外来鸟类逐渐融入当地环境，灭绝率开始下降。适应性强的外来鸟类自然更能经受住捕食者的压力。对于那些岛屿上还有特有种没被外来捕食者威胁的，记住这个经验教训：再别引进新物种了。

其他危险

　　人类无时无刻不在给鸟类制造新危险。美国阿肯色州毕比市（Beebe）2010 年新年夜时发生过一场悲剧。大约夜里十一点半的时候，数千只原本栖息在城镇边缘林地的红翅黑鹂忽然一起飞进城里，可怜的黑鹂惊慌失措不辨方向，整个鸟群一团混乱，很多撞在建筑物上、路标上、汽车上，还有的互相冲撞，当晚就有两三千只死去。死亡原因众说纷纭，有说是中毒了，有说是碰上了 UFO，其中最有可能的说法是钝力损伤、体温过低，或两者兼有。在寒冷的冬夜，红翅黑鹂夜间聚在一起取暖，这种昼行性的鸟类被烟花的噪音惊吓到，冲散在黑暗寒冷夜空里，酿成了悲剧。一周内各地接连传来类似的大规模鸟类死亡事件：意大利的欧斑鸠、瑞典的寒鸦、加拿大安大略省的雁鸭、美国路易斯安那州更多的红翅黑鹂。各地的鸟类都被庆典活动的噪音吓到夺路而逃，最终不幸死亡。

　　我可以用更多的篇幅讨论光、噪音、污染、杀虫剂、电线、信号传送塔、风能发电机、汽车、飞机、石油泄漏、捕鱼、捕猎、偷猎、偷蛋、宠物交易、越野车、外来疾病、铅中毒等，它们中每一种都会导致鸟类死亡。历数死于各种原因的鸟类总数并不容易，不同数据收集方法得到的数字差别很大。比如每年死于光能发电板的鸟类约有1000～28000只，死于风力发电机的鸟类约10万～30万只。如果把煤的生产和运输，以及烧煤对全球变暖造成的影响也算上，煤每年大致会造成800万只鸟类死亡。无论如何，再一次重申，鸟类种群数量减少的最主要原因始终是栖息地破坏和气候变化，其次是与建筑物和输电线碰撞和被猫吃掉。我们可以进一步探讨这些可怕的灾难，但与其陷于悲伤，不如分析一些鸟类成功适应了环境变化的案例。

4. 适应新世界

城市化可能是鸟类生存遇到的最大威胁，是21世纪鸟类灭绝的主要原因。地球上只有2.7%的面积是城市，但大部分人口都居住在城市中。据联合国预计，到21世纪中叶将有超过一半的世界人口居住在城市里。除了导致原有栖息地的破坏和消失之外，城市化的影响涵盖了所有方面，所以非常严重。城市就意味着人，人越多，各种陷阱越多，鸟越少。我有一次去纽约市出差一周，几乎没怎么看见鸟类，看见的也都是鸽子或者家麻雀。唯一两个例外是在中央公园里，有一只非常冷淡的冠蓝鸦和一只在上空翱

翔的红尾鵟。从自然到城市，生态系统发生了巨变。

随着城市化进程加快，越来越多鸟类栖息地被改变，一些鸟类学家的研究重点也发生了变化。自 1970 年起，关于在城市生活的鸟类及它们的栖息地的研究数量翻了 3 倍多。这类研究大部分是在北美和欧洲国家，关注发展中国家的只占 5%。但是发展中国家当下的人口增长和城市化速度远超发达国家，没有足够的保护知识，发展中国家鸟类的生存面临更大的挑战。

砖头和柏油当前，鸟类也在努力适应。很多鸟已经能够适应人类活动，有些甚至能从中受益。原鸽、家麻雀、紫翅椋鸟等许多鸟类已经完全适应了城市生活。实际上，如今全球 20% 的鸟类都在城市出没。委内瑞拉首都加拉加斯人口 6000 万，外来的琉璃金刚鹦鹉已经在此定居，它们找到什么吃什么，或者等着当地居民投喂。传说从前有个意大利移民维托里奥·波奇（Vittorio Poggi）驯养了一只金刚鹦鹉，当他骑着摩托车在城里经过，鹦鹉总是训练有素地飞在旁边。波奇最后把上百只自己买的、繁育的和收留的宠物鸟全放飞了。

伦敦南部有几个野生鹦鹉种群，其中最多的是红领绿鹦鹉，大概有 8200 对。红领绿鹦鹉源于亚非，曾被古希腊和罗马人饲养，也是现在常见的宠物。鹦鹉种群至少从 20 世纪 90 年代以后就开始持续增长，原因成谜。你尽管天马行空地猜：也许是从希斯罗机场破损的货运木箱里逃出来的，也许是从一个大鸟舍逃逸出来的，也许是已故摇滚吉他手吉米·亨德里克斯（Jimi Hendrix）从卡纳比街（Carnaby Street）放飞的。伦敦的冬夜寒冷而漫长，对红领绿鹦鹉无疑是个挑战，但是它们出奇地强悍，靠着吃果子、种子、坚果、花苞、蔬菜、水果等挺过来了。比较有攻击性的鹦鹉，甚至称霸了喂食器。但是大家似乎习惯了，英国环境、食物和乡村事业部（Department of Environment, Food and Rural Affairs, DEFRA）也觉得把它们消灭得不偿失。但同为外来物种的和尚鹦哥处境则完全不同。和尚鹦哥源于巴西和玻利维亚，从宠物店逃出来或者被人放飞后慢慢发展。它们营造的庞大"公巢"是用木棍制成的，有一些的尺寸有一辆车那么大，通常建在电线杆或者

委内瑞拉首都卡拉卡斯的金刚鹦鹉

输电塔上，一旦下雨就有可能引起短路或者火灾。它的数量不多，只有150只左右，但官方认为它们有隐患，所以把它们消灭到只剩50只了。

鹦鹉在其他很多城市也很普遍。哥斯达黎加首都圣何塞市中心有很多红眼鹦哥，或依附在房檐树梢，或在建筑物、人流、交通中穿梭。美国旧金山以电报山上的红头鹦哥群而闻名，这个鸟类种群显然是由几只逃逸个体逐渐发展来的。加利福尼亚州贝克斯菲尔德有1000多只红领绿鹦鹉。南加利福尼亚州的城市里则盛产红眼鹦哥、红耳绿鹦哥、淡紫冠鹦哥、蓝顶鹦哥、白额绿鹦哥和双黄头亚马逊鹦鹉，它们以和它们同样是外来进口的水果和坚果为食。北美约有30多种外来鹦鹉，其中就包括适应性很强的和尚鹦哥，主要分布于纽约布鲁克林、芝加哥和加拿大蒙特利尔。

总的来说，城市鸟类的种群数量会比附近乡村的同种多出大约30%。野生的鸠鸽和家麻雀已经与人类相处了上千年，所以城市里鸽子和麻雀比乡村多不足为怪。但乌鸫来到城市还不到200年，数量已经比附近树林里的高了两个数量级，何况它们的自然栖息地本就是树林。20世纪中叶以来，随着波兰首都华沙的扩张，这里已经有47种鸟类种群数量减少或者彻底消失了，但也有37种鸟类数量增加，更有12种新的鸟类搬了进来。

世界上共有约114种鸟一生或者部分时间住在城市及周边地区。城市里有很多它们的捕食者（猫和狗），但城里的猫和狗主

和尚鹦哥的数量在美国增长速度很快，对农作物存在威胁，
它们巨大的巢经常会干扰到输电线路。

要依赖人类喂养，所以鸟类被捕食的压力较小，而且城市里还有
无数藏身之地。鸥、鹭、渡鸦、鸦游荡在垃圾场和公路边，以丰
富的食物残渣为食；蜂鸟、𫛭鸦、高山山雀、鸭、麻雀、鸽子，
以及中小型的燕雀、鹊和啄木鸟在投食处觅食；隼、鹭、鸦甚至
在城市里筑巢繁殖，因为在这里它们能找到充足的猎物。一对名
叫乔治（George）和格蕾斯（Gracie）的游隼于2005年开始在旧
金山一座大楼上筑巢繁殖，到2014年甚至搬到了金融中心一座
30层高的摩天大楼的花台里。纽约也有一只有名的红尾鹭雄鸟在
第五大道一幢公寓上筑巢生活了24年，而且大概每三年换一只雌

性配偶。它头部的羽毛颜色较浅，所以外号"掉色男"。75%的红尾鹭不到1岁就死了，所以它简直就是红尾鹭界的传奇。

20世纪70年代以来，在城市生活的鸟类种群数量逐渐稳定，甚至出现了激增。但只是在城里筑巢的候鸟却因为食物和筑巢地点竞争压力变大而数量减少，像美洲夜鹰和烟囱雨燕等根本竞争不过数量不断攀升的城市留鸟。城市越来越拥挤，留给每年只来几个月的迁徙鸟类的生态位已经越来越少了。

城市里的反捕食新策略

另一个证明鸟类逐渐适应城市生活的证据，是它们对城市捕食者的反捕食策略。当人类接近时，鸟类正常的反应是飞走，对44种欧洲鸟类的实验显示，在城市生活的鸟类惊飞距离短于在乡村生活的同种个体。与城市接触得越久（评价标准是世代数）鸟种群数量越大，惊飞距离越短，证明它们逐渐适应了人的环境。在城市环境里，惊飞距离短的鸟类不容易被雀鹰捕食（理论上也不容易被其他捕食者捕食）。不过随着定居城市的猎物越来越多，捕食者的捕猎技术也在提升。

城市里的哺乳动物捕食者，除了猫还有浣熊、负鼠、狐狸、狗、鼠和鼬等。鸟类对哺乳动物捕食者的应对策略不多，基本是围攻或逃跑，但欧洲的研究人员发现它们也在进步。研究人员从城市和乡村捕捉了15种共1132只鸟，把它们握在手心里记录逃跑行为，分为紧张扭动、啄、发出警报鸣叫和掉羽毛等级别。如果把它们平放在人掌心里，它们还表现出"装死"行为，持续时间不同。结果显示，在城市生活的鸟类更多表现出掉毛、发出警报鸣叫，从掌心逃出也比乡村的鸟类快。这些似乎是针对城市捕食者（尤其是猫）演化出的逃跑策略。

羽色变化

金银忍冬是一种很容易适应新环境的植物，源于亚洲，现在在美国东北部郊区很常见。雪松太平鸟是一种食果鸟类，尾羽尖部是黄色。1950 年开始，它们尾羽尖部开始出现橙色，原因是它们以忍冬浆果为食，而忍冬的果实里有红 – 紫色素。目前尚不确定这样的羽色变化是否有交际或求偶目的。随着城市化程度加剧，外来的忍冬植株数量增加，俄亥俄州中部的主红雀雄鸟鲜艳的红色羽毛逐渐变浅。乡村或林区几乎没有忍冬植株，那里的主红雀雄鸟羽色更亮，相比于城市中的同类它们开始繁殖得更早，后代数量也更多。

欧洲的大山雀最爱毛虫，毛虫主要以含类胡萝卜素的树叶为食。类胡萝卜素是鸟类合成维生素、抗氧化剂和色素的重要前体化合物，大山雀黄色的胸部和腹部羽毛就是有赖于类胡萝卜素。但城市里树叶少、毛虫少，毛虫的类胡萝卜素含量低，所以相比于在树林中生活的山雀，城里的山雀亲本需要增加更多觅食次数，

从而给雏鸟找到足够多的毛虫。如果该地区污染严重，昆虫体内的类胡萝卜素含量会严重缺乏，雏鸟离巢出飞时胸部的羽毛就会呈现为灰黄色而缺乏光泽。同样，目前尚不确定这样的羽色变化是否会改变鸟类个体间的社会互动。

巴黎的研究人员发现，在城市居住的（流浪）鸽子中，羽色深的比羽色浅的更健康，一部分原因是羽色深的个体更擅长分解体内重金属。将野生鸽子笼养一年后检测飞羽中的锌、镉、铜、铅等重金属含量，发现羽毛中负责黑棕色的真黑素可以与重金属结合。等它们换羽后再检测新的羽毛，重金属含量降低了 75%。有研究显示，羽色较深的鸽子在种群中的比例越来越高，因为它们存活率更高，繁殖成功率也更高。"羽色深"这种生理特性碰巧有利于鸽子在重金属含量高的城市中生存，这跟很多演化过程类似。

筑巢和觅食行为变化

欧洲的家燕已经与人类环境有 4000 年的交集，如今 99% 的家燕都在谷仓、马厩等建筑物内部筑巢。家燕的世代时间为 1.59 年（相邻两个世代的平均时间间隔），4000 年相当于 2500 代，这个时间足够家燕适应在更暖和、更安全的建筑物里筑巢。烟囱雨燕也适应了在人类建筑中筑巢，实际上，在过去的一个世纪里只记录到 10 巢烟囱雨燕在自然环境中筑巢。乌鸫靠近人类筑巢的时间尚短，还不到百年。它们的世代时间是 2.27 年，百年时间约 44

代，所以只有约15%乌鸫在建筑物内筑巢。但与在树林生活的种群相比，在城市生活的乌鸫筑巢时间提前了两周，而且从每年只孵化一巢提高到每年两三巢，甚至有在冬季繁殖的现象。人造光源使得光照时间延长，于是乌鸫有更多时间觅食，导致了它们繁殖时间提前，城市天气状况更温和，有自然和人工双重食物来源，乌鸫的生存压力因此减小了一些。

在野外，有些鸟类将有特殊气味的植物加到巢材中驱逐寄生虫。墨西哥城的家麻雀和家朱雀会把过滤香烟烟蒂中的纤维裹在巢中，纤维中含有大量尼古丁，而尼古丁是有效的杀虫剂。巢中的醋酸纤维素越多，受螨虫感染的危险更低。鸟类可能只是随

家朱雀的巢

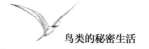

手把过滤烟蒂拿来筑巢，结果受益于它的驱虫效果。这项研究是2013年发表的，但是据报道，鸟用香烟过滤烟蒂筑巢至少有45年历史。用烟蒂筑巢的缺点是容易引起火灾，伦敦南部一场建筑物大火就是由于鸟将一只还没熄灭的烟蒂带回它在屋檐下的洞巢引起的。家麻雀、紫翅椋鸟、原鸽都曾经引起过建筑物大火。

鸟类从城市的垃圾、厨余和人类投喂的食物中了解这个城市，也同时获得了充足的觅食机会。家麻雀和紫翅椋鸟经常光顾室外咖啡馆，鸠鸽利用路灯在夜里觅食，很多鸟类擅长发现后院的喂食器。1994年，美国联邦政府把2月正式定为鸟类投喂月。每年6000多万美国人参与投喂，花在食物和投食处的总支出达40亿美元。几十种鸟的数十亿个体从这份"后院的馈赠"中受益。一个世纪以来，鸟类投喂已经成为美国人的一项固定活动，也许今后还会继续流行。

适应交通

2013年的一篇论文总结了30年来内博拉斯加州的美洲燕被交通工具撞死的情况。在桥梁和立交桥上筑巢的鸟飞过公路时可能被路过的车辆撞死。20世纪80年代，每年大约20只石燕死于交通事故，2010年以来石燕种群数量翻倍，交通状态也没有太大变化，但每年交通事故中死亡的石燕数量降到了5只。研究人员查尔斯和玛莉·布朗（Charles and Mary Brown）夫妇想找出事故

喂食处的黄昏锡嘴雀

发生次数下降的原因，于是把美洲燕尸体跟这个种群中还活着的个体进行比对，发现活着的鸟翅膀长 4.2 英寸，出事故的个体翅膀长 4.5 英寸。对燕的飞行研究显示，翅膀越短动作越敏捷，就更容易躲开行驶车辆；如果把车流作为"自然选择"的条件，翅膀较长的鸟类就被淘汰了。

为及时躲开交通，鸟类离移动的车辆要有一个最短距离，法国的研究人员专门研究了这个距离。有人可能认为，车速越快鸟类决定起飞的距离越远。实际上鸟类的衡量标准不是具体车辆，而是整条路段的限速。住在公路附近的鸟类似乎知道最常见的行驶速度，

一般司机都贴着路段限速的上限行驶，所以鸟假设所有车辆都是这个速度，即使有的慢一点、有的超速。因为大部分车辆的确都以差不多的速度行驶，这个策略确实是避免事故的最优方式。

噪音与光污染

鸣禽通过鸣唱向异性和同性传递信息，但环境变得越来越吵，越来越影响它们正常交流。通过长期适应，鸟类做出了一些调整。城市噪音（交通、割草机、工业生产等）多是低频音，与鸣唱的频率有重叠，所以对鸣禽来说，增强高频音并减弱低频音更有利于它们传递信息。俄勒冈州波特兰市的歌带鹀雄鸟学会了在嘈杂环境下提高鸣唱声音频率，同时降低低频音的响度。西班牙萨拉曼卡市的乌鸫受环境噪音影响也提高了鸣唱音调。城市的噪音水平是 66 分贝，城里鸟类鸣唱的最高频率是 3165 赫兹，而乡村的噪音水平只有 37 分贝，乡村鸟类鸣唱的最高频率是 2657 赫兹。大山雀和新疆歌鸲都有类似情况。所以鸣声频率的变化是演化适应，还是只是个体调整？为了解开这个谜题，科学家研究了在欧洲广泛分布的大苇莺的两个种群。其中一个栖息在常年嘈杂的环境中，另一个栖息在非常安静的环境中。嘈杂环境中的大苇莺鸣唱频率较高。但是当两个种群处于相同环境噪音的环境中时，它们鸣唱的声音频率也一致了。所以鸣唱曲目可能是一种灵活的行为，不一定是演化导致的变化。但是对于大部分鸣禽来说，幼鸟飞出后的一年左右时间是重要的鸣声学习阶段。所以在嘈杂环境中生长的幼鸟很有可能只学到了原本种群鸣声中的高频曲目，然后继续把这个曲目传给下一代。通过鸣唱来交流是重要的生存手段，所以这有可能引起遗传物质变化。有些鸟，比如棕顶猛雀鹀，受城市化影响，数量剧减，或者直接从城市里消失了，所以它们野生种群的鸣唱频率没有变化。

1879年电灯商业化应用后，夜空亮度提高了6000倍。维也纳的科学家发现，在有路灯的地区，鸟类开始鸣唱的时间比在自然光条件下的早一些。一项为期7年的针对英国青山雀繁殖行为

棕顶猛雀鹀正在鸣唱。

的研究显示，在树林边缘筑巢、能接触到路灯的雌鸟比森林深处、较暗环境中的同类提前 1.5 天开始产卵。而较亮环境中的雄性与配偶以外的另一只雌性求偶的成功率也增加了一倍。光照时间变长，雌性为筑巢及孵化准备的时间就更充裕，雄性求偶、吸引其他领地异性的时间也越长。德国莱比锡市的一项研究发现，在城市生活的乌鸫比在乡村生活的更健壮，因为城市里近乎恒定的人造光源使它们有更长的时间觅食。

迁徙变化

要适应城市生活就得一直住在城市中，不迁徙。乌鸫以前是候鸟，住在森林里，最近几十年它们逐渐变成了城市常见鸟。研究人员比较了横跨北欧的 14 个乌鸫种群，7 个来自城市，7 个来自乡村，发现城市种群变成留鸟的倾向比乡村种群强很多。北部的拉脱维亚和爱沙尼亚在 1930 年至 1950 年间才出现乌鸫，历史最短，但这里的种群成为留鸟的倾向最明显，证明留居行为演化速度很快。但也有一些鸟即使在城市筑巢也保持着迁徙习性，如欧洲的白鹡鸰、欧柳莺、欧歌鸫，以及北美的旅鸫、美洲燕。

城市里影响候鸟行为的因素数不胜数，其中一个非常有趣的就是从手机、无线电台、电视塔和卫星发出的电子信号，这是所有城市的共同特征。电子信号对鸟类的影响尚不明确，但德国科学家亨里克·莫里森（Henrik Mouritsen）给了我们一点参考。莫里森的实验室从乡村搬到奥登堡市里之后，实验室木笼里的饲养的欧亚鸲就无法辨别方向了。三年后他发现原因是外界的电子信号干扰，而且不是普通的手机、电线、无线网络信号，而是广播站和特定电子设备的调幅（ΛM）信号。之后他把木笼换成铝制鸟笼，并且把鸟笼通电，结果欧亚鸲的定向能力又恢复了。AM信号一般在晚间比较强，传播距离也更远，可能会影响鸟类导航能力。这项研究结果表明，城市里的电子信号各种各样，对鸟类的影响尚不明确，也不知道它们能否适应，我们还有很多需要了解。

5. 人类帮助

长远来看，没有人类发起的各类组织的帮助，鸟类很难生存。18世纪中期，法王路易十六的妻子、时尚教母玛丽王后因为追求奢华与时尚最终命丧断头台。她带起一波用羽毛装饰帽子的时尚潮流，在18世纪50年代左右达到高潮。为了满足对羽毛的需求，几十万只鸟被杀害，尤其是白鹭。同时期，英国的羽毛与黄金等价。鸣禽甚至整只北极燕鸥都被装饰在帽子上，大量鸟类因此遭到捕杀。就在白鹭种群濒临灭绝之际，美国政府于1900年颁布了《雷斯法》（Lacey Act），禁止跨州野生动物买卖行为，终止了大部分商业羽毛交易。

奥杜邦协会就是为阻止屠杀野生鸟类而成立的，如今依然致力于全美各大保护活动。英国皇家鸟类保护协会成立于维多利亚

时期，初衷是阻止羽毛交易，现在的主要工作是保护自然栖息地。世界上最大的自然保护联盟是国际鸟盟，120 个成员遍布全球，管理着 1553 块保护地，总面积达 111 万英亩[①]。

很多项目让人更了解鸟类，珍惜自然环境，支持鸟类保护。如城市鸟类庆祝活动（the Celebration of Urban Birds）、城市鸟类鸣声项目（the Urban Bird Sounds Project）、社区鸟巢观察（Neighborhood Nestwatch）、初级观鸟者协会（the Fledgling Birder's Institute）、观鸟挑战赛（the Birding Challenge）、国家野生动物联盟校园（和后院）栖息地［National Wildlife Federation Schoolyard (and Backyard) Habitats］、滨鸟姐妹学校计划（the Shorebird Sister Schools Program）等。世界候鸟日（the International Migratory Birds Day）的主题是提醒人们关注及庆祝近 350 种候鸟往返位于北美的繁殖地和它们的越冬地。鸟类保护教育联盟（Bird Education Alliance for Conservation）由来自不同教育机构，鸟类观察站，市级、州级和联邦机构，环境教育和保护集团等的教育者组成。飞行伙伴（Partners in Flight）也是一个多成员的合作联盟，其成员包括美国联邦政府、州政府、市政府、慈善机构、职业鸟类协会、保护团体、工业组织等，目的是保护陆生候鸟。还有更多组织参与保护工作，这是件值得高兴的事。

---

① 1 英亩≈4046.86 平方米。——译者注

观鸟：建立人类与自然的真实关联

观鸟是世界上发展最快的户外运动。全球每年大概有4500万～8500万观鸟者，在观鸟上的投入高达200亿～350亿美元。观鸟者一般是中高收入水平，每年在购书、双筒望远镜、单筒望远镜、旅行和住宿上的花费约1500～2000美元。专业的观鸟者跟随专业公司出国观鸟一趟，可能要花费5000美元，目前有127个专业的观鸟公司提供出国观鸟服务。英国剑桥的尼尔·黑华德（Neil Hayward）先生2013年在北美看到了750种鸟。为了观

冠蓝鸦是一种大多数人都熟悉的鸟，而且毫无疑问地
勾起了很多人对自然和自然保护的兴趣。

鸟，他总计去过 56 个机场，飞了 177 次，外宿 195 天，开车行驶 51758 英里，甚至在海上待过 147 小时。

关于鸟类的节日不断增加，年度的、一日的活动时有举行。1 月 5 日是美国观鸟日。观鸟活动规模庞大，但不仅仅是一项内行才能懂的运动，很多民众也参与其中，而且这项活动已经越来越深入国民意识。不过很多观鸟者并不参与各种庆典或比赛，而是把观鸟当成日常生活的一部分。

人类每天沉迷高科技，与自然界的鸟类和其他生物之间通常是脱节的。观鸟将人类和自然联系起来，帮助人类了解保护鸟类、

观鸟者为保护鸟类生存做出了重要贡献。

减小人类活动影响的重要性。我们越了解鸟类，越了解它们所处的环境和赖以生存的条件，越能更好地保护它们。

直到20世纪初，鸟类还在被大肆屠杀，它们的肉、羽毛、蛋都是人类的目标，还有单纯为了娱乐进行的捕猎。旅鸽、拉布拉多鸭、大海雀等不幸灭绝，而在开明的政府和民间环保组织的努力下，也有苍鹭、白鹭、鸣禽及更多物种幸免于难。公众对鸟类保护意识的增强，一定程度上促进了人类对生态系统的保护。目前为了保证鸟类生存，我们做出的努力是否充分？立法是否完善？我的答案是肯定的。但我们绝不能大意，因为那些破坏鸟类栖息地、导致环境变化、对鸟类生存造成最大威胁的个人、机构、行业还没有看到保护鸟类的重要性，还在追求与此相悖的目标。此外，羽毛交易、谋取肉蛋的捕捉和以运动为名的过度捕杀行为已经在很大程度上被禁止，为进一步的改变打下了基础。在鸟类保护方面，政府支持很必要，但当务之急是对公众进行普及教育。为了适应自然环境，鸟类经历了卓越的演化，并且还会随着环境的改变进一步演化。但现在人类使得环境变化的速度加快了，鸟类逐渐掉队，因此我们必须伸出援助之手。

英汉鸟名对照表

A

阿德利企鹅 Adélie Penguin

阿拉伯鸫鹛 Arabian Babbler

阿拉里皮娇鹟 Araripe Manakin

哀鸽 Mourning Dove

鹌鹑 Japanese Quail

安第斯神鹫 Andean Condor

安氏蜂鸟 Anna's Hummingbird

暗冠蓝鸦 Steller's Jay

岸鸬鹚 Bank Cormorant

暗纹霸鹟 Dusky Flycatcher

艾草松鸡 Sage Grouse

B

八哥 Crested Mynah

霸鹟科 Flycatcher, Tyrannidae

白背兀鹫 White-rumped Vulture

白额绿鹦哥 White-fronted Amazon

白额雁 White-fronted Goose

白鹳 White Stork

白冠带鹀 White-crowned Sparrow

白鹤 Siberian Heron

白喉带鹀 White-throated Sparrow

白喉雨燕 White-throated Swift

白鹡鸰 White Wagtail

白颊黑雁 Barnacle Goose

白眉歌鸫 Redwing

白眉企鹅 Gentoo Penguin

白眉食虫莺 Swainson's Warble

白眉丝刺莺 White-browed Scrubwren

白头海雕 Bald Eagle

白胸鸭 White-breasted Nuthatch

白眼莺雀 White-eyed Vireo

白腰叉尾海燕 Leach's Storm Petrel

白腰杓鹬 Eurasian Curlew

白枕鹤 White-naped Crane

白兀鹫 Egyptian Vulture

斑翅凤头鹃 Pied Cuckoo, Jacobin Cuckoo

斑腹矶鹬 Spotted Sandpiper

斑姬鹟 European Pied Flycatcher

斑唧鹀 Spotted Towhee

斑林鸮 Spotted Owl
斑尾塍鹬 Bar-tailed Godwit
斑头雁 Bar-headed Goose
斑胸草雀 Zebra Finch
鸨（科）Bustard
暴雪鹱 Northern Fulmar
鹎（科）Bulbul
北长尾山雀 Long-tailed Tit
北岛鞍背鸦 North Island Saddleback
北岛沙锥 Little Barrier Snipe
北极燕鸥 Arctic Tern
北美白喉林莺 Cerulean Warbler
北美白眉山雀 Mountain Chickadee
北美金翅雀 American Goldfinch
北美黑啄木鸟 Pileated Woodpecker
北美鸊鷉 Western Grebe
北美纹霸鹟 Pacific-slope Flycatcher
北美星鸦 Clark's Nutcracker
北美小夜鹰 Poorwill
北鲣鸟（属）gannet
秘鲁鸊鷉 Junin Grebe
滨鸟 Shorebird
波多黎各短尾鸼 Puerto Rican Tody

苍头燕雀 Chaffinch
仓鸮 Barn Owl
叉尾王霸鹟 Fork-tailed Flycatcher
查尔斯嘲鸫 Floreana Mockingbird
嘲鸫科 Mimidae
长耳鸮 Long-eared Owl
长冠八哥 Bali Starling
长脚鹬 stilt
长尾娇鹟 Long-tailed Manakin
长嘴啄木鸟 Hairy Woodpecker
长嘴杓鹬 Long-billed Curlew
橙顶灶莺 Ovenbird
橙腹拟鹂 Baltimore Oriole
橙胸林莺 Blackburnian Warbler
赤肩鵟 Red-shouldered Hawk
纯色鸽 Plain Pigeon
丛鸦（属）Scrub Jay
丛鸦 Florida Scrub Jay
船嘴鹭 Boat-billed Heron
鹌 quail

C

草鹀 Grass Finch
草原松鸡 Prairie Chicken
苍鹭 Great Gray Heron

D

大斑啄木鸟 Greater Spotted
　Woodpecker
大滨鹬 Great Knot
大地雀 Geospiza Magnirostris
大海雀 Great Auk
大黑背鸥 Great Black-backed Gull

大红鹳 Greater Flamingo

大黄脚鹬 Greater Yellowleg

大金丝燕 Black-nest Swiftlet

大军舰鸟 Great Frigatebird

大蓝鹭 Great Blue Heron

大山雀 Great Tit

大尾拟八哥 Great-tailed Grackle

大苇莺 Reed Warbler

大纹燕 Greater Striped Swallow

大岩䴓 Eastern Rock Nuthatch

大眼斑雉 Great Argus

戴菊 kinglet

丹顶鹤 Red-crowned Crane

淡紫冠鹦哥 Lilac-crowned Amazon

靛蓝彩鹀 Indigo Bunting

雕 eagle

鸫 thrush

东王霸鹟 Eastern Kingbird

渡鸦 Common Raven

渡渡鸟 Dodo

短翅䴙䴘 Titicaca Grebe

短嘴鸦 American Crow

E

鹗 Osprey

鸸鹋 Emu

F

反嘴鹬（属）Avocet

非洲白背兀鹫 African Vulture

非洲鸵鸟 Common Ostrich

蜂鸟 hummingbird

凤头䴙䴘 Great Crested Grebe

凤头山雀 Crested Tit

凤头海雀 Crested Auklet

凤尾绿咬鹃 Resplendent Quetzal

缝叶吸蜜鸟 Stitchbird

腹纹鹰 Sharp-shinned Hawk

G

高跷鹬 Stilt Sandpiper

高山山雀 Chickadee

高山雨燕 Alpine Swift

割草鸟 Plantcutter

歌带鹀 Song Sparrow

歌鸲（属）nightingale

鸽子 dove

鴩 tinamou

管舌雀（科）Hawaiian Honeycreeper

冠蓝鸦 Blue Jay

H

哈氏纹霸鹟 Hammond's Flycatcher

海滨沙鹀 Seaside Sparrow

海鸽（属）guillemot

海鸬鹚 Pelagic Cormorant

海鸦（属）murr

海鹦（属）puffin

寒鸦（属）jackdaw

和尚鹦哥 Monk Parakeet

河乌（属）dipper

褐鹈鹕 Brown Pelican

褐头山雀 Willow Tit

鹤鸵（属）cassowary

褐腰草鹬 Solitary Sandpiper

黑顶林莺 Eurasian Blackcap

黑顶山雀 Black-capped Chickadee

黑凤头鹦鹉 Black Cockatoo

黑腹裂籽雀 Black-bellied Seedcracker

黑腹翎鹑 Gambel's Quail

黑喉蓝林莺 Black-throated Blue
   Warbler

黑喉灰林莺 Black-throated Grey Warbler

黑颈鸊鷉 Eared Grebe

黑鹂 blackbird（仅在美国指代黑鹂）

黑脸王鹟 Black-faced Monarch

黑头白斑翅雀 Black-headed Grosbeak

黑长尾霸鹟 Black Phoebe

黑风鹱 Black Petrel

黑喉绿林莺 Black-throated Green
   Warbler

黑剪嘴鸥 Black Skimmer

黑脚信天翁 Black-footed Albatross

黑脚圆尾鹱 Cook's Petrel

黑颈长脚鹬 Black-necked Stilt

黑田鸡 Black Rail

黑头美洲鹫 Black Vulture

黑尾塍鹬 Icelandic Black Godwit

黑纹背林莺 Kirtland's Warbler

黑胸短趾雕 Black-chested Snake
   Eagle

黑嘴天鹅 Trumpeter Swan

黑枕威森莺 Hooded Warbler

鸻（形目）plover

横斑渔鸮 Pel's Fishing Owl

红背鼠鸟 Red-backed Mousebird

红翅黑鹂 Red-winged Blackbird

红顶啄木鸟 Red-cockaded
   Woodpecker

洪都拉斯蜂鸟 Honduran Emerald

红耳绿鹦哥 Mitred Parakeet

红腹滨鹬 Red Knot

红腹灰雀 Eurasian Bullfinch

红腹啄木鸟 Red-bellied Woodpecker

红管舌雀 Hawaii Akepa

红喉北蜂鸟 Ruby-throated
   Hummingbird

红交嘴雀 Red Crossbill

红鹳 Flamingo

红脚鲣鸟 Red-footed Booby

红脚鹬 Common Redshank

红领绿鹦鹉 Rose-ringed Parakeet

红隼 European Kestrel

红头美洲鹫 Turkey Vulture

红头蜡嘴鹀 Red Cardinal

红头鹦哥 Red-masked Parakeet

红尾绿鹦鹉 Swift Parrot

红尾鵟 Red-tailed Hawk

红眼鹦哥 Red-lored Parrot

红嘴奎利亚雀 Red-billed Quelea

厚嘴崖海鸦 Thick-billed Murre

槲鸫 Mistle Thrush

花脸鸭 Baikal Teal

华丽细尾鹩莺 Superb Fairy Wren

华丽军舰鸟 Magnificent Frigatebird

鹮（科）ibis

环颈鸻 Snowy Plover

环颈雉 Ring-necked Pheasant

黄翅澳蜜鸟 New Holland Honeyeater

黄褐林鸮 Tawny Owl

黄喉蜂虎 European Bee-eater

黄喉雀鹛 Yellow-throated Fulvetta

黄昏锡嘴雀 Evening Grosbeak

黄鹂（属）oriole

黄林莺 Yellow Warbler

黄道眉鹀 Cirl Bunting

黄蹼洋海燕 Wilson's Storm Petrel

黄头金雀 Verdin

皇信天翁 Southern Royal Albatross

黄胸大鹟莺 Yellow-breasted Chat

黄腰林莺 Yellow-rumped Warbler

黄爪隼 Lesser Kestrel

灰斑鸠 Eurasian Collared Dove

灰背隼 Merlin

灰颈鸨 Kori Bustard

灰蓝灯草鹀 Dark-eyed Junco

灰林鸮 Tawny Owl

灰脸圆尾鹱 Grey-faced Petrel

灰山鹑 Grey Partridge

灰纹霸鹟 Gray Flycatcher

灰胸长尾霸鹟 Eastern Phoebes

灰噪鸦 Gray Jay

火鸡 turkey

J

姬地鸠 Diamond Dove

唧鹀 Twohee

叽喳柳莺 Chiffchaff

极北杓鹬 Eskimo Curlew

鹟莺（一类鹟科鸟类）Chat

几维（鹬鸵属）kiwi

家鸽/鸠鸽 pigeon

家麻雀 House Sparrow

加拿大黑雁 Canada Goose

家燕 Barn Swallow

加州唧鹀 California Towhee

加州神鹫 California Condor

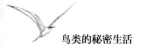

加州啄木鸟 Nuttall's Woodpecker

家朱雀 House Finch

鲣鸟（科）booby

剪嘴鸥（属）skimmer

娇鹟（科）manakin

交嘴雀（属）crossbill

角百灵 Horned Lark

金翅虫森莺 Gold-winged Warbler

金翅雀 Goldfinch

金雕 Golden Eagle

金丝雀（属）canary

鲸头鹳 African Shoebill

鹫 Vulture，也叫 Old World Vulture，
区别于美洲鹫

巨䴙䴘 Atitlan Grebe

巨嘴鸟 Toucan

巨鹱 Southern Giant Petrel

锯鹱 Prion

军舰鸟 frigatebird

K

恺木纹霸鹟 Alder Flycatcher

克氏䴙䴘 Clark's Grebe

恐鸟 Moa

库氏鹰 Cooper's Hawk

宽尾拟八哥 Boat-tailed Grackle

鵟 hawk, buteo（宽翼、多盘旋翱翔
的鵟多使用 buteo 命名）

奎利亚雀（属）guelea

L

拉布拉多鸭 Labrador Duck

鶆𩿈 Rhea

蓝翅虫森莺 Blue-winged Warbler

蓝翅黄森莺 Prothonotary Warbler

蓝翅鸭 Blue-winged Teal

蓝顶鹦哥 Blue-fronted Amazon

蓝林莺 Cerulean Warbler

蓝鸲（属）bluebird

蓝头歌雀 Antillean Euphonia

蓝头黑鹂 Brewer's Blackbird

蓝胸佛法僧 European Roller

雷鸟（属）ptarmigan

栗翅鹰 Harris's Hawk

栗背山雀 Chestnut-backed Chickadee

栗颊林莺 Cape May Warbler

栗喉蜂虎 Blue-tailed Bee Eater

栗胸林莺 Bay-breasted Warbler

蛎鹬（科）oystercatcher

林山雀 Juniper Titmouse

林岩鹨 Dunnock

林鸳鸯 Wood duck

翎翅夜鹰 Pennant-winged Nightjar

琉璃金刚鹦鹉 Blue-and-Gold Macaw

柳雷鸟（英国与爱尔兰亚种）Red
Grouse

鸬鹚（属）cormorant
裸鼻雀（属）Tanager
旅鸽 Passenger Pigeon
旅鸫 American Robin
绿背火冠蜂鸟 Green-backed
　　Firecrown
绿眉鸭 American Widgeon
绿头鸭 Mallard
绿紫耳蜂鸟 Green Violet-ear
　　Hummingbird

M

麦鸡（属）lapwing
毛脚鵟 Rough-legged Buzzard
毛脚鱼鸮 Blakiston's Fish Owl
猛禽 raptor
玫胸白斑翅雀 Rose-breasted Grosbeak
美洲河乌 American Dipper，曾用名
　　water ouzel
美洲红鹮 Scarlet Ibis
美洲鹫 New World Vulture
美洲鹫科 Cathartidae
美洲麻鸭 American Bittern
美洲绿鹭 Green Heron
美洲鹈鹕 White Pelican
美洲鸵鸟 rhea
美洲隼 American Kestrel
美洲小滨鹬 Least Sandpiper

美洲旋木雀 Brown Creeper
美洲燕 American Cliff Swallow
美洲夜鹰 Nighthawk, Common
　　Nighthawk
冕麦鸡 Crowned Plover
蟆口鸱（科）frogmouth

N

南非企鹅 African Penguin
南极蓝眼鸬鹚 Blue-eyed Shag
南美企鹅 Magellanic Penguin
拟八哥 grackle
拟鸳树雀 Woodpecker Finch
牛背鹭 Cattle Egret
牛椋鸟（属）oxpecker

O

鸥（科）gull
欧斑鸠 Turtle Dove
欧绒鸭 Common Eider
欧柳莺 Willow Warbler
欧亚鸲 European Robin

P

披肩榛鸡 Ruffed Grouse
琶嘴鸭 Northern Shoveler
䴙䴘（科）grebe
漂泊信天翁 Wandering Albatross

283

普通鵟 Common Buzzard
普通鸬鹚 Great Cormorant
普通扑动䴕 Northern Flicker
普通潜鸟 Common Loon

Q

旗翅夜鹰 Standard-winged Nightjar
企鹅（科）penguin
潜鸟（属）loon
青山雀 Blue Tit
丘鹬（科）sandpiper
雀（形目）Passeriformes，也叫
　perching bird
雀鹰 sparrowhawk

R

日本绣眼鸟 Japanese White-eye
日鳽 Sunbitter
绒啄木鸟 Downy Woodpecker

S

三色鹭 Tricolored Heron
三趾滨鹬 Sanderling
森莺 wood-warbler
山雀 tit
杓鹬 Whimbrel
蛇雕 Serpent-eating Eagles
蛇鹈（属）anhinga

麝雉 Hoatzin
麝雉科 Opisthocomidae
鸤（属）nuthatch
食虫莺 Worm-eating Warbler
石鸡 Chukar Partridge
石燕（属）Cliff Swallow
始祖鸟 Archeopteryx
斯蒂芬岛异鹩 Stephen's Island Wren
松鸡 grouse
松鸦 Eurasian Jay
松莺 Pine Warbler
双黄头亚马逊鹦鹉 Yellow-headed
　Amazon
双领鸻 Killdeer
双色树燕 Tree Swallow
隼（形目）falcon, kestrel, hobby

T

太阳鸟（科）sunbird
坦氏孤鸫 Townsend's Solitaire
鹈燕（属）diving petrel
铁爪鹀 Lapland Longspur
庭园林莺 Garden Warbler
鸵鸟（科）ostrich

W

弯嘴嘲鸫 Curve-billed Thrasher
王企鹅 King Penguin

纹霸鹟 Willow Flycatcher
纹腹鹰 Sharp-shinned Hawk
纹颊企鹅 Chinstrap Penguin
乌林鸮 Great Gray Owl

X

西滨鹬 Western Sandpiper
西美角鸮 Western Screech Owl
稀树草鹀 Savannah Sparrow
锡嘴雀 Hawfinch
西域兀鹫 Griffon Vulture, Gyps fulvus
细嘴雁 Ross's Goose
仙蓝王鹟 Cerulean Paradise-flycatcher
鸮，鸮形目 owl
鸮面鹦鹉 Kakapo
小斑几维 Little Spotted, Grey Kiwi
小斑啄木鸟 Lesser Spotted
　Woodpecker
小嘲鸫 Northern Mockingbird
小黄脚鹬 Lesser Yellowleg
小蓝鹭 Little Blue Heron
小丘鹬 American Woodcock
小䴓 Pygmy Nuthatche
小企鹅 Little Penguin
小树雀 geospiza parvula
小天鹅 Tundra Swan
笑鸥 Laughing Gull
响蜜䴕（科）honeyguide

橡树啄木鸟 Acorn Woodpecker
象牙嘴啄木鸟 Ivory-billed
　Woodpecker
新疆歌鸲 Common Nightingale
新西兰吸蜜鸟 New Zealand Bellbird
信天翁（属）albatross
星蜂鸟 Calliope Hummingbird
猩红丽唐纳雀 Scarlet Tanager
鸺鹠 Pygmy Owl
绣眼鸟（科）White-eye
旋蜜雀 honey-creeper
旋木雀（科）creeper
雪鹭 Snowy Egret
雪松太平鸟 Cedar Waxwing
雪雁 Snow Goose

Y

鸦（属）crow
鸭科 waterfowl
岩雷鸟 Rock Ptarmigan
崖沙燕 Bank Swallow
烟囱雨燕 Chimney Swift
岩翎岩鸠 Spinifex Pigeon
岩䴓 Western Rock Nuthatch
燕（科）swallow/martin
燕鸥 tern
雁形目 geese
秧鸡 rail

夜鹰（科）nightjar

夜鹰目 Caprimulgiformes

蚁鸫（属）antthrush

银鸥 Herring Gull

隐鹮 Bald Ibis

隐夜鸫 Hermit Thrush

印加地鸠 Inca Dove

鹰（属）accipiter（多为翼窄、飞行
速度极快的鸳）

莺（科）warbler 莺雀 Certhidea
Olivacea

鹦鹉，鹦鹉科 parrot, lorikeet

疣鼻天鹅 Mute Swan

油鸱 Oilbird

游隼 Peregrine Falcon

鱼鸦 Fish Crow

雨燕 Common Swift

雨燕科 swift

雨燕目 Apodiformes

鹬 curlew

原鸽 Rock dove，拉丁名 Columbia
livia 为人类所驯化的原鸽被称为
家鸽

鸢 kite

云斑塍鹬 Marbled Godwit

云雀 Eurasian Skylark

Z

郑氏晓廷龙 Xiaotingia zhengi

爪哇禾雀 Java Sparrow

紫滨鹬 Purple Sandpiper

紫翅椋鸟 European Starling

紫绿树燕 Violet-green Swallow

紫崖燕 Purple Martin

雉（属）pheasant

棕顶猛雀鹀 Rufous-crowned
Sparrow

棕顶雀鹀 Chipping Sparrow

棕煌蜂鸟 Rufous Hummingbird

棕鸡鹭 Rufous Crab-hawk

棕榈鬼鸮 Northern Saw-whet Owl

棕胁唧鹀 Eastern Towhee

知更鸟 robin

植食树雀 Vegetarian Finch

中地雀 Geospiza Fortis

中杓鹬 Eurasian Whimbrel

中贼鸥 Pomarine Jaeger

侏霸鹟 Pygmy-tyrants

珠颈斑鹑 California Quail

主红雀 Northern Cardinal

啄木鸟（科）woodpecker

走鹃（属）roadrunner

其他补充词汇

组织器官

耳柱 columella（拉丁语）

发酵腔 fermentation chamber

格兰氏小体 Grandry's corpuscle

肱骨 arm bone

巩膜环 sclerotic ring

海氏小体 Herbst Corpuscle

上喙肌，又称胸小肌 supracoracoideus

肌胃 ventriculus

角质鞘 rhamphotheca（希腊语）

龙骨突 carina（拉丁语）

鸣管 syrinx

气囊 air sac

砂囊 gizzard

痛觉感受器 nociceptor

瞬膜 nictitating membrane

嗉囊 crop

锁骨 furca（拉丁语）

外耳道 meatus（拉丁语）

尾羽腺 preen gland

尾综骨 pygostyle（希腊语）

温度感受器 thermoreceptor，或 temperature receptor

腺胃 proventriculus

小肠 small intestine

羽毛状的上皮 feather epithelium

胸大肌 pectoralis

视凹 fovea

愈合荐骨 synsacrum

羽毛

羽枝 feather barb

小翼羽 alula 或 bastard wing

正羽 contour feather

羽轴 shaft

羽枝 barb

羽片 vane

羽柄 calamus

羽根 quill

初级飞羽 primary feather

次级飞羽 secondary feather

覆羽 covert

原始的羽毛 proto-feather

跗跖骨血管网 *rete tibiotarsale*（拉丁语）

行为相关术语

部分迁徙 partial migration

光周期 photoperiod

基础代谢，又称静息代谢 basal or resting metabolism

基础代谢率 basal metabolic rate

近似因素 proximate factor

年际性节律 circannual cycle

迁徙兴奋 Zugunruhe（德语）

授时因子 *Zeitgeber*（德语）

热中性域 thermoneutral zone

终极因素 ultimate factor

昼夜节律 circadian rhythm

致谢

写本书时，我花了很长时间检索细节繁多的长篇科学文献。我发现，现如今不仅是大众文学作品和我信任的网络信息、科学文献的数量也在指数式增长。加州州立大学奇科校区的校内图书馆对外开放，我可以在馆内、网上多途径利用它浩瀚的科学期刊资源。

一个答案常常引出一连串新问题，所以我很好奇别人对本书的内容和写作风格的意见，我的同事、朋友都乐于分享，我十分感激。比如，热衷于观鸟的前NASA编辑蒂姆·锐科勒（Tim Ruckle）就给了我严格、中肯的意见。奥杜邦协会的骨干史蒂夫·金（Steve King）博士更是逐句校订，指出解释不到位的地方，对此我特别感激。

树木出版社的朱瑞·宋德科（Juree Sondker）女士从头脑风暴开始全程指引，直到批准印刷，始终帮我留意有见地的评论，及时与我分享编辑和技术建议。美编部门则负责整体规划插图和书

的艺术效果呈现。

我的妻子卡罗·布尔（Carol Burr）从始至终都鼓励我、支持我。书中部分插图是她亲手画的。写书时我常泡在家里的工作间盯着电脑屏幕，一待就是一天，其他什么也不管，她都包容了我。她是一名英语教授，用几十年的任课经验帮我修改稿子，使我受益良多。

我还想由衷感谢排印编辑莫莉·菲尔斯通（Mollie Firestone）女士，她以艺术家的眼光帮我校稿、订正，她专注细节、详析句法，犀利的发问让我即使是作者也不敢掉以轻心。

博物文库

博物学经典丛书

1.	雷杜德手绘花卉图谱	〔比利时〕雷杜德 著/绘
2.	玛蒂尔达手绘木本植物	〔英〕玛蒂尔达 著/绘
3.	果色花香——圣伊莱尔手绘花果图志	〔法〕圣伊莱尔 著/绘
4.	休伊森手绘蝶类图谱	〔英〕威廉·休伊森 著/绘
5.	布洛赫手绘鱼类图谱	〔德〕马库斯·布洛赫 著
6.	自然界的艺术形态	〔德〕恩斯特·海克尔 著
7.	天堂飞鸟——古尔德手绘鸟类图谱	〔英〕约翰·古尔德 著/绘
8.	鳞甲有灵——西方经典手绘爬行动物	〔法〕杜梅里
		〔奥地利〕费卿格/绘
9.	手绘喜马拉雅植物	〔英〕约瑟夫·胡克 著
		〔英〕沃尔特·菲奇绘
10.	飞鸟记	〔瑞士〕欧仁·朗贝尔
11.	寻芳天堂鸟	〔法〕弗朗索瓦·勒瓦扬
		〔英〕约翰·古尔德
		〔英〕阿尔弗雷德·华莱士 著
12.	狼图绘：西方博物学家笔下的狼	〔法〕布丰
		〔英〕约翰·奥杜邦
		〔英〕约翰·古尔德 等
13.	缤纷彩鸽——德国手绘经典	〔德〕埃米尔·沙赫特察贝 著；
		舍讷绘

博物画临摹与创作

1.	异域珍羽——古尔德经典手绘巨嘴鸟	〔英〕古尔德
2.	雷杜德手绘花卉图谱：临摹与涂色	〔比利时〕雷杜德
3.	玛蒂尔达手绘木本植物：临摹与涂色	〔英〕玛蒂尔达
4.	古尔德手绘喜马拉雅珍稀鸟类：临摹与涂色	〔英〕古尔德
5.	西方手绘珍稀驯化鸽：临摹与涂色	〔德〕里希特等
6.	古尔德手绘巨嘴鸟高清大图：装裱册页与临摹范本	〔英〕古尔德
7.	古尔德手绘极乐鸟高清大图：装裱册页与临摹范本	〔英〕古尔德
8.	古尔德手绘鹦鹉高清大图：装裱册页与临摹范本	〔英〕古尔德

9. 艾略特手绘极乐鸟高清大图：装裱册页与临摹范本　　〔美〕丹尼尔·艾略特
10. 梅里安手绘昆虫高清大图：装裱册页与临摹范本　　〔德〕玛利亚·梅里安
11. 古尔德手绘雉科鸟类高清大图：装裱册页与临摹范本　　〔英〕古尔德
12. 利尔手绘鹦鹉高清大图：装裱册页与临摹范本　　〔英〕爱德华·利尔

生态与文明系列

1. 世界上最老最老的生命　　〔美〕蕾切尔·萨斯曼 著
2. 日益寂静的大自然　　〔德〕马歇尔·罗比森 著
3. 大地的窗口　　〔英〕珍·古道尔 著
4. 亚马逊河上的非凡之旅　　〔美〕保罗·罗索利 著
5. 生命探究的伟大史诗　　〔美〕罗布·邓恩 著
6. 食之养：果蔬的博物学　　〔美〕乔·罗宾逊 著
7. 人类的表亲　　〔法〕让–雅克·彼得 著
　　　　　　　　　　　　〔法〕弗朗索瓦·德博尔德 著
8. 土壤的救赎　　〔美〕克莉斯汀·奥尔森 著
9. 十万年后的地球：暖化的真相　　〔美〕寇特·史塔格 著
10. 看不见的大自然　　〔美〕大卫·蒙哥马利 著
　　　　　　　　　　　　〔美〕安妮·比克莱 著
11. 种子与人类文明　　〔英〕彼得·汤普森 著
12. 感官的魔力　　〔美〕大卫·阿布拉姆 著
13. 我们的身体，想念野性的大自然　　〔美〕大卫·阿布拉姆 著
14. 狼与人类文明　　〔美〕巴里·H.洛佩斯 著

自然博物馆系列

1. 蘑菇博物馆　　〔英〕彼得·罗伯茨 著
　　　　　　　　〔英〕谢利·埃文斯 著
2. 贝壳博物馆　　〔美〕M. G. 哈拉塞维奇 著
　　　　　　　　〔美〕法比奥·莫尔兹索恩 著
3. 蛙类博物馆　　〔英〕蒂姆·哈利迪 著
4. 兰花博物馆　　〔英〕马克·切斯 著
　　　　　　　　〔荷〕马尔滕·克里斯滕许斯 著
　　　　　　　　〔美〕汤姆·米伦达 著
5. 甲虫博物馆　　〔加拿大〕帕特里斯·布沙尔 著
6. 病毒博物馆　　〔美〕玛丽莲·鲁辛克 著
7. 树叶博物馆　　〔英〕艾伦·J.库姆斯 著
　　　　　　　　〔匈牙利〕若尔特·德布雷齐著
8. 鸟卵博物馆　　〔美〕马克·E.豪伯 著
9. 毛虫博物馆　　〔美〕戴维·G.詹姆斯 著
10. 蛇类博物馆　　〔英〕马克·O.希亚 著
11. 种子博物馆　　〔英〕保罗·史密斯 著